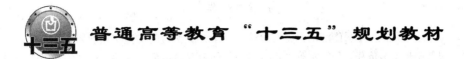

普通高等教育"十三五"规划教材

热 工 实 验

郭美荣　俞爱辉　高　婷　主编

北 京

冶金工业出版社

2015

内 容 提 要

本书是根据本科能源动力类实验课程教学大纲编写的实验实训教材。本书以基础理论为依托，分析实验过程中遇到的问题并给出解决办法，详细描述了各热工实验的目的、原理、装置、实验方法等。全书共分为 8 章，包括测量与仪表的基本知识、相似理论和模化实验、主要热工参数的测量、误差分析与数据处理、工程流体力学实验、工程热力学实验、工程燃烧学实验及传热传质学实验。

本书可作为能源与动力类本科生专业实验教材，也可供从事热工动力专业的教学、科研和工程技术人员参考。

图书在版编目(CIP)数据

热工实验/郭美荣，俞爱辉，高婷主编 . —北京：冶金工业出版社，2015.9

普通高等教育"十三五"规划教材

ISBN 978-7-5024-7037-1

Ⅰ. ①热… Ⅱ. ①郭… ②俞… ③高… Ⅲ. ①热工试验—高等学校—教材 Ⅳ. ①TK122-33

中国版本图书馆 CIP 数据核字(2015) 第 222054 号

出 版 人　谭学余
地　　址　北京市东城区嵩祝院北巷 39 号，邮编　100009　电话　(010)64027926
网　　址　www.cnmip.com.cn　电子信箱　yjcbs@ cnmip. com. cn
责任编辑　唐晶晶　美术编辑　吕欣童　版式设计　孙跃红
责任校对　李　娜　责任印制　李玉山
ISBN 978-7-5024-7037-1
冶金工业出版社出版发行；各地新华书店经销；固安华明印业有限公司印刷
2015 年 9 月第 1 版，2015 年 9 月第 1 次印刷
787mm×1092mm　1/16；12.5 印张；300 千字；191 页
29.00 元

冶金工业出版社　投稿电话　(010)64027932　投稿信箱　tougao@cnmip. com. cn
冶金工业出版社营销中心　电话　(010)64044283　传真　(010)64027893
冶金书店　地址　北京市东四西大街 46 号(100010)　电话　(010)65289081(兼传真)
冶金工业出版社天猫旗舰店　yjgycbs. tmall. com
(本书如有印装质量问题，本社营销中心负责退换)

前　言

《热工实验》教程是根据本科能源动力类实验课程的教学大纲编写的普通高校教育实验实训教材。

本实验教程归纳总结了能源动力类专业实验实训课程的内容，共分为8章。第1章是测量和仪表的基本知识；第2章是相似理论和模化实验；第3章是主要热工参数的测量；第4章是误差分析与数据处理；第5章是工程流体力学实验；第6章是工程热力学实验；第7章是工程燃烧学实验；第8章是传热传质学实验。

本书将能源动力类四大专业基础课程"工程流体力学"、"工程热力学"、"工程燃烧学"、"传热传质学"的相关实验及其实验设备的使用方法有机地融合为一体，充分依托四门专业基础课程的知识体系，吸取以往及现有教材的优秀经验，按照"工程流体力学"、"工程热力学"、"工程燃烧学"、"传热传质学"的顺序编排，共描述了四门课程的29个演示及综合实验，对每个实验的基本理论、操作规程、实验报告要求进行了系统阐述，同时还介绍了测量的基本知识、仪表的基本知识、处理数据的基本方法等相关内容，此外本书还提供了相应的思考题，以利于学生进一步深入思考，加深掌握知识要点，更好地形成理论思维与实践经验相结合的分析、解决实际问题的处理模式。

本实验教程第1章部分内容、第7章部分内容由高婷编写，第1章部分内容、第3章、第6章、第7章部分内容由郭美荣编写，第2章、第4章、第5章、第8章由俞爱辉编写。在本书的编写过程中，得到了北京科技大学热能工程系的众多教师的帮助和指导，在此表示衷心的感谢。

此外，本书的出版得到了北京科技大学"濮耐教育基金"、"洛伊教育基金"、"沃克教育基金"、"赛迪教育基金"、"凤凰教育基金"、"威仕炉教育基金"、"思能教育基金"、"赛能杰教育基金"、"热陶瓷教育基金"和"北京神雾教育基金"的大力支持，在此一并表示衷心的感谢。

由于作者水平有限，书中疏漏和错误之处，恳请读者们批评指正！

编　者

2015年6月

目 录

1 测量和仪表的基本知识

1.1 测量概述

1.1.1 测量的意义

测量是人类对自然界中客观事物取得数量观念的一种认识过程。在这一过程中，人们借助于专门工具，通过试验和对试验数据的分析计算，求得被测量的值，获得对于客观事物的定量的概念和内在规律的认识。因此可以说，测量就是为取得未知参数值而做的全部工作，包括测量的误差分析和数据处理等计算工作。

人类的知识许多是依靠测量得到的。在科学技术领域内，许多新的发现、新的发明往往是以测量技术的发展为基础的，测量技术的发展推动着科学技术的前进。在生产活动中，新的工艺、新的设备的产生，也依赖于测量技术的发展水平，而且，可靠的测量技术对于生产过程自动化、设备的安全以及经济运行都是不可少的先决条件。无论是在科学实验中还是在生产过程中，一旦离开了测量，必然会给工作带来巨大的盲目性。只有通过可靠的测量，然后正确地判断测量结果的意义，才有可能进一步解决自然科学和工程技术上提出的问题。

测量技术对自然科学、工程技术的重要作用越来越为人们所重视，它已逐步形成了一门完整的、独立的学科。这门学科主要研究的是测量原理、测量方法、测量工具和测量数据处理。根据被测对象的差异，测量技术可分为若干分支，例如力学测量、电学测量、光学测量、热工测量等。测量技术的各个分支既有共同需要研究的问题，如测量系统分析、测量误差分析与数据处理理论；又有各自不同的特点，如各种不同物理参数的测量原理、测量方法与测量工具。

1.1.2 测量方法及分类

所谓测量，就是用实验的方法，把被测量与同性质的标准量进行比较，确定两者的比值，从而得到被测量的量值。欲使测量结果有意义，测量必须满足以下要求：

（1）用来进行比较的标准量应该是国际上或国家所公认的，且性能稳定。

（2）进行比较所用的方法和仪器必须经过验证。

根据上述测量的概念，被测量的值可表达为：

$$X = aU \tag{1-1}$$

式中　X——被测量；

　　　U——标准量（即选用的测量单位）；

　　　a——被测量与标准量的数字比值。

式（1-1）称为测量的基本方程式。

测量方法就是实现被测量与标准量比较的方法。按测量结果产生的方式来分类，测量方法可分为直接测量法、间接测量法和组合测量法。

1.1.2.1 直接测量法

使被测量直接与选用的标准量进行比较，或者用预先标定好了的测量仪器进行测量，从而直接求得被测量数值的测量方法，称为直接测量法。用水银温度计或者数字显示温度计测量介质温度，用压力表测量压力或者压差，用数字万用表测量电流、电压和电阻等都属于直接测量法。

直接测量的方法有如下几种：（1）直读法，用度量标准直接比较或由仪表直接读出；（2）差值法，用仪表测出两个量之差即为所要求之量，如用热电偶测温差，压差计测压差等；（3）代替法，用已知量代替被测量，而两者对仪表的影响相同，则被测量等于已知量，如用光学高温计测温度；（4）零值法，被测量对仪表的影响被同类的已知量的影响所抵消，使总的效应为零，则被测量等于已知量，如用电位差计测量电势，此法准确度最高，但需要较长的时间和精密的仪表。

1.1.2.2 间接测量法

通过直接测量与被测量有某种确定函数关系的其他各个变量，然后将所测得的数值代入函数关系进行计算，从而求得被测量数值的方法，称为间接测量法。如测量电路中一段输出功率的大小，往往分别测量电路中的电压和电流，通过两者的乘积计算出功率的大小；又如，测量一段管路的阻力损失系数，首先要测量出管路的特征速度和阻力损失（压差），然后根据相关的公式计算阻力损失系数。例如，测量透平机械轴功率 P（kW）时，可借用关系式：

$$P = \frac{Mn}{9549}$$

通过直接测量扭矩 M 和转速 n，然后将测得的数值代入上式，可以求得轴功率 P。

1.1.2.3 组合测量法

测量中使各个未知量以不同的组合形式出现（或改变测量条件以获得这种不同组合），根据直接测量或间接测量所获得的数据，通过解联立方程组以求得未知量的数值，这类测量称为组合测量。例如，用铂电阻温度计测量介质温度时，其电阻值 R 与温度 t 的关系是：

$$R_t = R_0(1 + at + bt^2)$$

为了确定常系数 a、b，首先需要测得铂电阻在不同温度下的电阻值 R_t，然后再建立联立方程求解，得到 a、b 的数值。

组合测量法在实验室和其他一些特殊场合的测量中使用较多。例如，建立测压管的方向特性、总压特性和速度特性曲线的经验关系式等。

除按测量结果产生的方式分类外，还可以根据测量中的其他因素分类。

按不同的测量条件，可分为等精度测量与非等精度测量。在完全相同的条件下所进行的一系列重复测量称为等精度测量；反之，在多次测量中测量条件不尽相同的测量称为非等精度测量。

按被测量在测量过程中的状态，可分为静态测量与动态测量。在测量过程中，被测量不随时间而变化，称为静态测量；若被测量随时间而具有明显的变化，则称为动态测量。实际上，绝对不随时间而变化的量是不存在的，通常把那些变化速度相对于测量速度十分缓慢的量的测量，按静态测量来处理。相对于静态测量，动态测量更为困难。这不仅在于参数本身的变化可能是很复杂的，而且测量系统的动态特性对测量的影响也是很复杂的，因而测量数据的处理有着与静态测量不同的原理与方法。

按照测量方法来区分，测量又可以分为接触式测量和非接触式测量两种。接触式测量是指一次仪表要与被测物体接触，如用皮托管测量管道中的速度，就必须将皮托管伸进管路当中；非接触测量是指一次仪表可以远离被测物体，测量中不破坏它的固有状态，如用红外线热像仪测量物体的温度。

1.2 测 量 系 统

1.2.1 测量系统组成

在测量技术中，为了测得某一被测物理量的值，总要使用若干个测量设备，并把它们按一定的方式组合起来。例如，测量水的流量，常用标准孔板获得与流量有关的差压信号，然后将差压信号输入差压流量变送器，经过转换、运算，变成电信号，再通过连接导线将电信号传送到显示仪表，显示出被测流量值。为实现一定的测量目的而将测量设备进行的组合称为测量系统。任何一次有意义的测量，都必须由测量系统来实现。由于测量原理不同，测量精度要求不同，测量系统的构成会有悬殊的差别。它可能是仅有一只测量仪表的简单测量系统；也可能是一套价格昂贵、高度自动化的复杂测量系统。如果脱离具体的物理系统，任何一个测量系统都是由有限个具有一定基本功能的测量环节组成的。所谓测量环节是指建立输入和输出两种物理量之间某种函数关系的一个基本部件。从这种意义上说，整个测量系统实际上是若干个测量环节的组合，并可看成是由许多测量环节连接成的测量链。

1.2.2 测量环节功能描述

一般测量系统由敏感元件、变换元件、显示元件和传送元件四种基本环节组成。

1.2.2.1 敏感元件

敏感元件是测量系统直接与被测对象发生联系的部分。它接收来自被测介质的能量，并且产生一个以某种方式与被测量有关的输出信号。

敏感元件能否精确、快速地产生与被测量相应的信号，对测量系统的测量质量有着决定性的影响。因此，一个理想的敏感元件应该满足如下几方面的要求：

（1）敏感元件输入与输出之间应该有稳定的单值函数关系。

（2）敏感元件应该只对被测量的变化敏感，而对其他一切可能的输入信号（包括噪声信号）不敏感。

（3）在测量过程中，敏感元件应该不干扰或尽量少干扰被测介质的状态。

实际上，一个完善的、理想的敏感元件是十分难得的。首先，要找到一个选择性很好的敏感元件并非易事。这时，只好限制无用信号在全部信号中的成分，并用试验的方法或理论计算的方法把它消除。其次，敏感元件总要从被测介质中取得能量。在绝大多数情况下，被测介质也总要被测量作用所干扰。一个良好的敏感元件，只能是尽量减少这种效应，但这种效应总会某种程度地存在着。

1.2.2.2　变换元件

变换元件是敏感元件与显示元件中间的部分，它将敏感元件输出的信号变换成显示元件易于接收的信号。

敏感元件输出的信号一般是某种物理变量，例如位移、压差、电阻、电压等。在大多数情况下，它们在性质、强弱上总是与显示元件所能接收的信号有所差异。测量系统为了实现某种预定的功能，必须通过变换元件对敏感元件输出的信号进行变换，包括信号物理性质的变换和信号数值上的变换。

对于变换元件，不仅要求它的性能稳定、精确度高，而且应使信息损失最小。

1.2.2.3　显示元件

显示元件是测量系统直接与观测者发生联系的部分。如果被测量信号需要通知观测者，那么这种信息必须变成能为人们的感官所识别的形式。实现这种"翻译"功能的环节称为显示元件，其作用是向观测者指出被测参数的数值。显示元件可以对被测量进行指示、记录，有时还带有调节功能，以控制生产过程。

显示元件主要有 3 种基本形式：

（1）模拟式显示元件。最常见的结构是以指示器与标尺的相对位置来连续指示被测参数的值。其结构简单、价格低廉，但容易产生视差。记录时，以曲线形式给出数据。

（2）数字式显示元件。直接以数字形式给出被测参数的值，不会产生视差。但直观形象性差，且有量化误差。记录时可以打印输出数据。

（3）屏幕显示元件。既可按模拟方式给出指示器与标尺的相对位置、参数变化的曲线，也可直接以数字形式给出被测参数的值，或者二者同时显示，是目前最先进的显示方式。屏幕显示具有形象性和显示大量数据的优点，便于比较判断。

1.2.2.4　传送元件

如果测量系统各环节是分离的，那么就需要把信号从一个环节送到另一个环节。实现这种功能的元件称为传送元件，其作用是建立各测量环节输入、输出信号之间的联系。

传送元件可以比较简单，但有时也可能相当复杂。导线、导管、光导纤维、无线电通信，都可以作为传送元件的一种形式。

传送元件一般较为简单，容易被忽视。实际上，由于传送元件选择不当或安排不周，往往会造成信息能量损失、信号波形失真、引入干扰，致使测量精度下降。例如导压管过细过长，容易使信号传递受阻，产生传输迟延，影响动态压力测量精度；导线的阻抗失配，将导致电压、电流信号的畸变。

应该指出，上述测量系统组成及各组成部分的功能描述并不是唯一的。尤其是敏感元件、变换元件的名称与定义目前还没有完全统一的理解。即使是同一元件，在不同场合下也可能使用不同的名称。因此，关键在于弄清它们在测量系统中的作用，而不必拘泥于名称本身。

1.3 仪器的性能指标

仪器本身的性能指标是测量系统误差的影响因素之一。判别测量系统中仪器性能的好坏，有下列几个主要的质量指标：

（1）灵敏度。灵敏度是指仪器对测量参数的反应程度，它以测量参数的变化值与被测物理量变化值的比值来表示。例如，一只温度表上指针每移动1mm代表1℃，而另一只表上指针每移动2mm代表1℃，则后者具有较高的灵敏度。虽然仪表的灵敏度可以通过放大系统来加大，但是通常也会使读数带来新的误差。对于线性系统来说，灵敏度是个常数。

（2）分辨率。分辨率是指可以使仪表指针发生动作的被测量的最小变化，也就是说仪表可以感受的被测量的最小变化值。仪表的灵敏度越大，其准确度相应较低。一般仪器的分辨率应小于仪器允许绝对误差的一半。

（3）精确度。精确度也叫精度，它由准确度和精密度综合决定。准确度是指仪器显示值与被测量物理量真值的偏离程度，它反映了测量装置的系统误差大小。而精密度是指仪器测量结果的分散程度。应该指出，一个测量系统准确度高，未必精密度就高；而精密度才能真正反映仪器的综合性能。这个概念可以借用子弹射击的事件来加深理解，如图1-1所示。

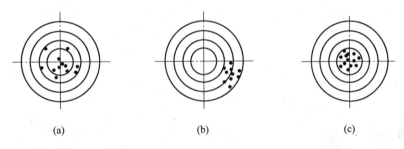

图1-1 子弹射击中靶的准确度、精密度和精确度示意图

图1-1（a）说明子弹射击中靶准确度高，但是精密度低；图1-1（b）说明子弹中靶准确度低，但是精密度高；图1-1（c）说明子弹中靶准确度高，精密度也高，综合起来精度高。

仪表的准确度是仪表的一个重要技术性能，一般仪器设备都要标出它的精度等级，普通热工仪表的精度分为0.1，0.2，0.5，1.0，1.5，2.5，5.0共7级。

显然，精度等级级数越低，档次越高。精度大小反映了该仪器所能允许的误差大小。例如精度等级为1.0的仪表，表示了该仪器的允许误差值不超过满量程的±1%。

在精度相同的条件下，选择仪器的量程不宜过大。因为量程越大，其绝对误差也越大。在满足被测量的数值范围的条件下，应选用量程小的仪表，并使测量值在满量程度的三分之二处较为合适。

（4）复现性。仪表在同一工作条件下对同一对象的同一参数重复进行测量时，仪表的读数不一定相同。各次读数之间的最大差数称为读数的变化量。变化量越小，仪表的复现性越好。

（5）动态特性。仪表对随时间变化的被测量的响应特性。动态特性好的仪表，其输出量随时间变化的曲线与被测量随同一时间变化的曲线一致或比较接近。一般仪表的固有频率越高，时间常数越小，其动态特性越好。

为了得到可靠的测量结果，首先必须掌握仪表本身的工作性能。在实验室里检定、试验和分度确定仪表的工作性能是计量工作的三种基本任务。这三种基本工作是仪表在出厂前都应当进行的。仪表在使用过程中还必须定期到国家规定的标准计量机构进行检验，以确保仪表在可靠状态下进行工作。

2 相似理论和模化实验

为了研究热工过程的一些基本规律，如湿度分布、速度分布和流动阻力特性等。需要在实际的热工设备中进行实验研究。但是由于经济上和技术上的限制，对实物进行实验通常是行不通的。因此绝大部分的研究和测试是在实验室中通过模型进行的。例如航空工程中的飞机模型，热工过程中的炉子模型，水利工程中的水坝模型等都是模拟研究成功的例子。对于模型的实验研究，必须解决如何制造模型，如何安排实验以及如何把模型的实验结果换算到实物上去等一系列的问题。

在热工理论研究的范围内，实际存在的流动和传热过程称为原型，在实验室内进行重演或预演的流动和传热过程称为模型。通常我们希望在模型上进行实验所得到的结果能够准确地预测实物（原型）上所发生的过程和各个物理量的变化。这样将大大节省人力、物力和时间。而且在实验室中进行实验、控制和测试都可以比较容易实现。下面介绍的相似理论是考虑实验方案、设计模型、组织实验以及整理实验数据和把实验结果推广到原型上去的理论依据。

2.1 相似理论的产生

实验研究方法是针对自然界和工程中各种复杂、耦合的物理现象，借助各种测试元件、仪表和设备，来研究其规律的一种基本的科学方法。它的特点是：

（1）可以直接、真实地反映客观物理过程，提供第一手定性和定量的测量数据，并且具有新发现的可能。

（2）可以人工控制影响客观物理现象的一些因素，将一切次要因素采取措施化小化了，使复杂问题变得简单。

（3）由实验方法探索的规律具有一定的近似程度和局限性。因为在一定的技术条件和研究水平上，用各种元件和设备进行实验势必存在着各种误差，而且观察和实验过程要受到各种条件的限制，只能在一定的参数范围内进行，由此所得到的规律不可能很精确地反映客观事物本质及其全部面貌。

理论分析方法是建立在实验结果之后的行为，在一定程度上了解了客观事物的本质，提出一些假设，构造出物理模型，然后用数学工具将物理模型转化为数学模型，建立起各种物理量之间的关联方程式。如质量守恒方程、动量方程、组分守恒方程和能量守恒方程。将这些方程给定单值条件，就可以得到解决自然界和工程中实际问题的理论依据。其结果具有普遍性和预测性，这是实验方法所不及的。同时理论研究方法由于它主要通过理论推导计算手段，所以其研究成本远远不及实验方法，而且它不需要实验设备的设计、制造、安装、调试、维护和繁杂的测量过程，使研究周期大为缩短。另外，理论研究方法能够提供全部的信息资料，不干扰和破坏客观事物的本来面目，也不受测量条件的限制。

当然这些是在所建立的数学模型总体上能够反映客观事物的前提下才成立的，否则不论数学推导多么严密，计算结果如何精确，都是错误的。

即便如此，理论研究方法还有它的不足之处。比如建立符合物理模型的数学模型的过程就具有一定的难度，要想得到方程的解必须做出许多假设，往往有些假设很牵强，与实际并不相符。因此所得出的结果只能近似地反映客观事物及内在规律。最后，这种结果还要拿到实践中去比较，确定其可信赖和可应用的程度，并加以修正完善。

基于上述两种研究方法的利弊所在，人们便创造了兼有两者优点的所谓相似理论的研究方法。相似理论把描述客观现象的微分方程用实验环节来求解，既排除了数学方法的困难，又提出了研究结果的普遍应用价值。

相似理论萌生于360多年以前，从17世纪到18世纪仅有几位科学家提出相似的概念，如米哈伊洛夫（O. Михайлов）、伽利略（Galileo）、牛顿（Isaac Newton）；19世纪20年代，傅里叶（J. B. Fourier）提出了个别条件下的相似问题。直到19世纪中叶（1848年），相似第一定理才诞生，法国科学家伯特朗（J. Bertrand）在分析力学方程之后阐明了相似现象的基本性质，即相似现象的对应点的同名相似特征数值相等。

相似第一定理激发了许多科学家的灵感。19世纪末，雷诺（O. Reynolds）应用它研究水等各种流体在通道内流动时流动阻力，整理成相似准则 R_e 对管道流动的影响规律。20世纪初，俄国空气动力学家茹柯夫斯基（Н. В. Жуковский）将气体力学相似实验结果用于航空航天飞机，紧接着努塞尔特（W. Nusselt）用相似理论研究了换热过程。

1911年，俄国费德尔曼（A. O. Федерман）提出了相似第二定理，即微分方程的积分结果可以用相似准则之间的函数关系来表示。1914年美国学者柏金汉（E. Buckingham）推出了在特定条件下的量纲分析的 π 定理。所以相似第二定理也称 π 定理。

相似第一定理和相似第二定理确立了相似现象所具有的性质，但是还没有确定出任何两个现象相似的原则。17年以后（1931年），苏联学者基尔比乔夫（М. В. Кирпичёв）和古赫曼（А. А. Гухман）推出了相似第三定理，并得到了包括基尔比乔夫在内的多人证明。至此，相似理论形成了完整的学科，它得到了广泛的应用。

2.2　相似的基本概念

2.2.1　几何相似

几何相似可以分为两种情况。一种是线性几何相似群，如所有的圆球、椭圆都属于一个线性几何相似群；所有的直角平行六面体，包括所有的书、火柴盒、鞋盒也都属于一个线性几何相似群。另一种称为几何相似群，它是指按照同一比例放大或者缩小了的几何相似体。

在相似理论中，往往把以上两种相似群分别放入某一坐标系中来考虑，称为线性几何相似域或几何相似域的几何相似现象。在很多的情况下，相似理论研究的是几何相似域内的物理现象。严格地说，几何相似群要比线性几何相似群的约束条件多。

几何相似的概念可以推广到任何一种物理现象。例如两种流体运动之间的相似，称为运动相似；温度场或热流之间的相似可以称为热相似。

2.2.2 物理量相似

所谓物理量相似,一般是指在几何相似群(或线性几何相似群)中的各物理参数成比例。这个概念是针对稳定场而言的。对于非稳定场,要引入相似时间段。

2.2.3 现象相似

现象相似也可以按照两种情况来讨论,一种是同类现象,一种是异类现象。就同类现象而言,现象相似至少要发生在线性几何相似域,而且各同名物理量呈某种比例或者说存在线性变换,即如果形式相同的完整方程组所包含的各变量可以相似变换,则这些方程组所确定的性质相同的现象,称为同类相似现象。例如,各种流体动力学过程可以用连续性方程和 Navier-Stokes 方程来描述。流体对流换热过程可以用上述两方程以及导热微分方程和边界换热方程来描述。这些方程组适用于该类现象的普遍情况。

下面通过热工过程中两个典型的现象来分析现象相似的条件。首先研究流体流动的速度场,根据速度的定义,流体的流动速度可以表示为流体质点在 $d\tau$ 时间内所经历的路程 dl 与 $d\tau$ 的比值,即

$$u = \frac{dl}{d\tau} \tag{2-1}$$

对于两个相似的速度场,必然有

$$u_1 = \frac{dl_1}{d\tau_1} \qquad u_2 = \frac{dl_2}{d\tau_2} \tag{2-2}$$

根据相似现象的定义,对应物理量互成比例,则

$$\frac{u_2}{u_1} = C_u \qquad \frac{l_2}{l_1} = C_l \qquad \frac{\tau_2}{\tau_1} = C_\tau \tag{2-3}$$

将式(2-3)代入式(2-2),得

$$C_u u_1 = \frac{C_l}{C_\tau} \frac{dl_1}{d\tau_1} \tag{2-4}$$

$$u_1 = \frac{C_l}{C_\tau C_u} \frac{dl_1}{d\tau_1} \tag{2-5}$$

比较式(2-5)和式(2-2),显然有

$$\frac{C_\tau C_u}{C_l} = 1$$

或者写成

$$\frac{u_1 \tau_1}{l_1} = \frac{u_2 \tau_2}{l_2} = \frac{u\tau}{l} = 常数 \tag{2-6}$$

这就是两个相似温度场的特征。

又如,边界上的换热问题,边界上的换热微分方程为:

$$h\Delta T = -\lambda \frac{dT}{dx} \tag{2-7}$$

式中 h——流体和界面之间的换热系数;

ΔT——边界上某点的温度与流体温度之差;

λ ——流体的导热系数。

对于两个相似的一维换热体系，可以写出

$$h_1 \Delta T_1 = -\lambda_1 \frac{\mathrm{d}T_1}{\mathrm{d}x_1} \qquad h_2 \Delta T_2 = -\lambda_2 \frac{\mathrm{d}T_2}{\mathrm{d}x_2} \tag{2-8}$$

各对应物理量之间互相成比例，则

$$\frac{h_2}{h_1} = C_h \qquad \frac{\lambda_2}{\lambda_1} = C_\lambda \qquad \frac{T_2}{T_1} = C_T \qquad \frac{x_2}{x_1} = C_x \tag{2-9}$$

将式（2-9）代入式（2-8），可得

$$h_1 = \frac{-C_\lambda}{C_x C_h} \frac{\lambda_1}{\Delta T_1} \frac{\mathrm{d}T_1}{\mathrm{d}x_1} \tag{2-10}$$

比较式（2-8）和式（2-10），可知

$$\frac{C_h C_x}{C_\lambda} = 1 \tag{2-11}$$

或者

$$\frac{h_1 x_1}{\lambda_1} = \frac{h_2 x_2}{\lambda_2} = \frac{hx}{\lambda} = 常数 \tag{2-12}$$

这就是两个边界上换热现象相似的特征。

这两个例子中出现的常数 $\frac{u\tau}{l}$ 和 $\frac{hx}{\lambda}$ 称为相似准则，其中，称 $\frac{u\tau}{l}$ 为均时性特征数，为不稳定流动过程中流体的速度场随时间变化情况的相似程度；$\frac{hx}{\lambda}$ 为努塞尔数，它表示流体与壁面之间对流换热热流与流体在壁面上导热热流之比，它们都是无因次的。

所以，相似准则是由若干物理量构成的无因次数群，可以反映一个物理过程的基本特征。相似准则在相似理论中具有重要意义，对于可以用微分方程来描述的各种物理现象，它们的相似准则可以用微分方程式来导出，此时只要将描述某一物理现象的基本方程组及全部单值性条件，通过方程组中各物理量的相似倍数，转换为另一相似物理现象的基本方程组及相应的单值性条件，就可以得到若干个相似准则。对于那些尚无法用微分方程式来描述的物理现象，可以通过量纲分析的方法来导出无因次相似准则。

2.3　量纲分析和 π 定理

2.3.1　量纲的概念

表示物理量的类别，如长度、质量、时间和力等称为物理量的量纲。同一类物理量具有不同的测量单位，如公里、米、英里是长度一类物理量的单位，它们都具有长度的量纲。在国际单位制中，以长度、质量和时间作为基本量纲，它们分别用 ［L］、［M］、［T］来表示。其他各物理量的量纲，可以用基本量纲的不同指数幂的乘积来表示。例如：

$$速度 = 长度/时间 = [L]/[T] = [LT^{-1}]$$

$$力 = 质量 \times 加速度 = [M][L][T^{-2}] = [LMT^{-2}]$$

显然，不同量纲的物理量不能相加减。方程式中各项的量纲必须一致，数值则可随选用的度量单位而变动，但公式的形式不随所采用的计算单位而改变。

2.3.2 量纲分析法

量纲分析法也称为因次分析法，它是利用上述量纲的基本概念来寻求物理现象中各量之间函数关系的一种方法，也是获得物理现象相似准则的一种实用方法。

假定某个物理现象可以用一个变量幂的乘积来表示，即

$$y = x_1^{k_1} x_2^{k_2} x_3^{k_3} \cdots x_n^{k_n} \tag{2-13}$$

式中，x_1、x_2、$\cdots$、x_n 及 y 为影响该物理量的各种相互独立的因素，它们相应的量纲分别为：

$$[x_i] = [A]^{ai} [B]^{bi} [C]^{ci} \qquad (i = 1,2,3,\cdots,n) \tag{2-14}$$

$$[y] = [A]^a [B]^i [C]^c \qquad (i = 1,2,3,\cdots,n) \tag{2-15}$$

式中，A、B、C 为基本量纲，由量纲的一致性，各变量 x_i 的指数 k_i 必须满足下列方程组

$$\left. \begin{array}{l} a_1 k_1 + a_2 k_2 + a_3 k_3 + \cdots + a_n k_n = a \\ b_1 k_1 + b_2 k_2 + b_3 k_3 + \cdots + b_n k_n = b \\ c_1 k_1 + c_2 k_2 + c_3 k_3 + \cdots + c_n k_n = c \end{array} \right\} \tag{2-16}$$

式（2-16）为量纲一致性方程组，解之可得指数 k_1、k_2、$\cdots$、k_n 的值。若指数 k_i 的数目 n 多于式（2-16）中方程的个数 m（m 为基本量纲数），则有 $n - m$ 个指数可以用其他指数值的函数来表示。

归纳起来，量纲分析方法的步骤为：

（1）找出影响某一物理现象的所有独立的变量，假定一个函数关系，比如变量幂的乘积关系，这是量纲分析是否能得出正确结果的关键。

（2）将各物理量的量纲用基本量纲表示，列出量纲公式。

（3）建立量纲一致性方程组，联立求解各物理量的指数。

（4）代入假定的函数关系式，并进行适当的组合简化。

（5）通过实验验证，并且求出公式中的待定常数，从而建立该现象的经验公式。

下面通过两个具体例子来说明量纲分析方法的应用。

2.3.2.1 物体在流体中运动时的黏性阻力

假定该黏性阻力 D 的大小与流体的密度 ρ、动力黏度 μ、物体与流体间的相对速度 u 以及物体的特征面积 A 有关，于是阻力的函数关系式为：

$$D = f(\rho, \mu, u, A) \tag{2-17}$$

写成乘积的形式为：

$$D = k \rho^a \mu^b u^c A^d \tag{2-18}$$

式中，k 为待定常数。

将各物理量的量纲代入上式，有

$$[LMT^{-2}] = [L^{-3}M]^a [L^{-1}MT^{-1}]^b [LT^{-1}]^c [L^2]^d \tag{2-19}$$

按基本量纲分类组合后得

$$[L][M][T]^{-2} = [L]^{-3a-b+c+2d} [M]^{a+b} [T]^{-b-c} \tag{2-20}$$

上式两边对应的基本量纲的指数必须相等，即

$$\left. \begin{array}{l} [L]: -3a - b + c + 2d = 1 \\ [M]: a + b = 1 \\ [T]: -b - c = -2 \end{array} \right\} \tag{2-21}$$

解上述联立方程组，得

$$a = 1 - b \quad c = 2 - b \quad d = 1 - b/2 \tag{2-22}$$

将式 (2-17)，式 (2-19)，式 (2-20) 代回原式 (2-18)，阻力公式变为：

$$D = k\rho^{1-b}\mu^{b}u^{2-b}A^{1-b/2} = k'\frac{1}{2}\rho u^2 A \left(\frac{\rho u l}{\mu}\right)^{-b} \tag{2-23}$$

式中，$l = A^{\frac{1}{2}}$ 为物体的特征尺寸。

通常阻力用阻力系数 C_D 来表示，它定义为：

$$C_D = \frac{D}{\frac{1}{2}\rho u^2 A}$$

将式 (2-23) 代入，得

$$C_D = k' \left(\frac{\rho u l}{\mu}\right)^{-b} = k' Re^{-b} \tag{2-24}$$

式中，Re 是表征流动的一个相似准则，称为雷诺准则。

为了确定阻力系数公式中的两个待定常数 k' 和 b，可按雷诺准则设计实验模型。根据实验数据，即可求出各个速度下的雷诺准则数和阻力系数，从而确定式 (2-24) 中的常数 k' 和指数 b。根据原型和模型的相似，从模型实验中求出的阻力系数经验公式也可适用于原型流动。实验证明，当 $Re < 1$ 时，圆球阻力系数遵循斯托克斯公式，即

$$C_D = \frac{24}{Re}$$

2.3.2.2　流体纵掠平板时的换热系数

假定换热系数 h 与来流速度 u_∞、板长 l、流体导热系数 λ、动力黏度 μ、比热容 C_p 和密度 ρ 等物理量有关，则

$$h = f(u_\infty, l, \lambda, \mu, C_p, \rho) \tag{2-25}$$

写成乘积的形式为：

$$h = k u_\infty{}^a l^b \lambda^c \mu^d C_p{}^e \rho^f \tag{2-26}$$

上式中七个物理量涉及四个基本量纲 $[M]$，$[L]$，$[T]$，$[\theta]$。将各物理量的量纲代入式 (2-26)，得

$$[MT^{-3}\theta^{-1}] = [LT^{-1}]^a[L]^b[LMT^{-3}\theta^{-1}]^c[ML^{-1}T^{-1}]^d[L^2T^{-2}\theta^{-1}]^e[ML^{-3}]^f \tag{2-27}$$

整理后，得

$$[M][T]^{-3}[\theta]^{-1} = [L]^{a+b+c+2e-3f}[M]^{c+d+f}[T]^{-a-3c-d-2e}[\theta]^{-c-e} \tag{2-28}$$

由量纲的一致性，得

$$\left.\begin{array}{l} a + b + c - d + 2e - 3f = 0 \\ c + d + f = 1 \\ -a - 3c - d - 2e = -3 \\ -c - e = -1 \end{array}\right\} \tag{2-29}$$

由式 (2-29) 解得

$$a = f \quad b = f - 1 \quad c = 1 - e \quad d = e - f \tag{2-30}$$

将式 (2-30) 代回式 (2-26) 中，得

$$h = ku_\infty^f \frac{l^f}{l} \frac{\lambda}{\lambda^e} \frac{\mu^e}{\mu^f} C_p^e \rho^f \qquad (2\text{-}31)$$

整理后有

$$\frac{hl}{\lambda} = k \left(\frac{u_\infty l\rho}{\mu} \right)^f \left(\frac{\mu C_p}{\lambda} \right)^e \qquad (2\text{-}32)$$

或

$$Nu = kRe^f Pr^e \qquad (2\text{-}33)$$

式中，k 为常数；Nu，Re，Pr 分别称为努塞尔数、雷诺数和普朗特数，它们都是对流换热中的最基本的相似准则。

从上面两个例子可以看出，通过量纲分析以后得到的准则数目与原来变量之差，正好是基本量纲数。量纲分析法有时可能导致不完全正确的结果。因为各个物理现象所涉及的物理量是人们靠经验或分析推测出来的，如果推测不正确，遗漏了某些主要的物理量，就会得出错误的或片面的结果。所以量纲分析的正确与否取决于人们对该物理现象本质的理解。只有充分了解了该现象的物理实质，才可能列出参与过程的全部物理量，从而通过量纲分析获得正确的结果。

2.3.3　π 定理

为了从理论上说明量纲分析法给出相似准则数目的规律性，1914 年柏金汉建立了 π 定理。利用该定理可以导出具有较多变量的复杂物理现象的相似准则。

π 定理指出，某一物理现象，它涉及 n 个变量，其中包含 m 个基本量纲，则此 n 个变量之间的关系可以用 $n-m$ 个无量纲 π 项的关系式来表示，即

$$F(\pi_1, \pi_2, \pi_3, \cdots, \pi_{n-m}) = 0 \qquad (2\text{-}34)$$

各 π 项就是上面讨论过的相似准则。

用 π 定理来获得某一物理现象特有的物理量之间的函数关系式时的具体步骤为：

（1）找出影响某物理现象的 n 个独立变量。

（2）从 n 个独立变量中选出 m 个基本变量，这些基本变量应包含 n 个变量中的全部基本量纲，通常 m 就等于基本量纲的个数。

（3）排列 $n-m$ 个 π 项，每个 π 项由 m 个基本变量与另一个非基本变量组成，且必须满足每个 π 是无量纲的条件。

（4）将每个 π 项的量纲展开，求出待定的指数。

（5）该物理现象可用 $n-m$ 个无量纲 π 项的函数关系式来表示，必要时各 π 项可相互乘除，以组成常用的准则。

（6）根据实验决定具体的函数关系式。

下面通过一个具体例子来说明 π 定理的应用。

考虑黏性流体在光滑圆管中的流动压力降。实验表明，黏性流体在圆管中的压力降与管长 L、管径 d、平均流速 u、液体的密度 ρ 和动力黏度 μ 有关，即

$$f = (\Delta p, L, d, u, \rho, \mu) = 0 \qquad (2\text{-}35)$$

在这六个变量中，选出 ρ，u，d 为三个基本变量，它们包括了六个变量所涉及的三个基本量纲 $[L]$，$[M]$，$[T]$。在这种情况下可组成 $6-3=3$ 个无因次 π 项，即

$$\left.\begin{array}{l} \pi_1 = \Delta p \rho^{a_1} u^{b_1} d^{c_1} \\ \pi_2 = \mu^{-1} \rho^{a_2} u^{b_2} d^{c_2} \\ \pi_3 = L \rho^{a_3} u^{b_3} d^{c_3} \end{array}\right\} \tag{2-36}$$

π_1 的量纲公式为：

$$[L^0 M^0 T^0] = [L^{-1} M T^{-2}][L^{-3} M]^{a_1}[L T^{-1}]^{b_1}[L]^{c_1} \tag{2-37}$$

类似前面的分析，可求出

$$a_1 = -1 \quad b_1 = -2 \quad c_1 = 0 \tag{2-38}$$

于是得到

$$\pi_1 = \frac{\Delta p}{\rho u^2} = Eu \quad （欧拉数）$$

同样的方法，求出

$$\pi_2 = \frac{\rho u d}{\mu} = Re \quad \pi_3 = \frac{L}{d}$$

由此，公式可变成

$$f(\pi_1, \pi_2, \pi_3) = f\left(Eu, Re, \frac{L}{d}\right) = 0$$

或

$$Re = f\left(Re, \frac{L}{d}\right) \tag{2-39}$$

这就是所要求的函数关系式。通过实验数据，可以获得工程应用的经验公式。在 π 定理的应用中，各 π 项的选择并没有一定的规则，但是为了求解的方便，可以考虑如下的选择方法：

（1）待求的物理量只能出现在一个 π 项中。

（2）尽量组成经典的已知的准则数，如 Re 数等。

（3）实验中容易调节的自变量最好只出现在一个 π 项中。

（4）π 项的物理意义应比较明确。

2.4　相似理论及其应用

2.4.1　相似基本定理

相似理论是指导模型实验的基本理论。它告诉我们应该在什么条件下进行实验，实验中应当测量哪些物理量，如何整理实验数据以及如何应用实验结果等问题。相似理论建立在三个基本定理的基础上。

（1）相似第一定理。1848 年伯特朗（Bertrand）根据相似现象的相似特性，提出了相似第一定理。定理指出，彼此相似的现象，它们的同名相似准则必定相等。例如如果换热现象相似，它们必具有相同的努塞尔准则 Nu。这个定理直接回答了实验时应测量哪些量的问题，即在实验中必须量出与过程有关的各种相似准则中所包含的一切量。相似第一定理也可以看作是关于两个相似现象之间相似准则的存在定理。

（2）相似第二定理。由实验得到了实验数据后，如果能够把相似准则之间的函数关系确定下来，那么问题就解决了。我们就可以从一个现象推出对所有同类型的相似现象都适用的关系式。这种关系式是否一定存在呢？相似第二定理指出，任何微分方程式所描述的物理现象都可以用从该微分方程式导出的相似准则的函数关系式来表示。此函数关系式是在实验条件下得到的描述该物理现象的基本方程组的一个特解。相似第二定理为我们提供了实验数据的整理方法和实验结果的应用问题。由此定理所求出的物理量可以直接推广到原型上去。

（3）相似第三定理。相似第一和第二定理只说明了相似现象的特性，但没有解决相似的必要和充分条件，以及在进行模型实验时变量之间的比例关系。相似第三定理回答了这个问题。它指出，凡是单值性条件相似，同名定型准则相等的那些现象必定彼此相似。这样，我们就可以把已经研究过的现象的实验结果应用到与它相似的另一个新的现象上去，而不必再对该现象进行实验。所谓单值性条件是指那些有关传热和流动过程特点的条件，它包括几何条件、物理条件、边界条件和初始条件。有了这些条件，就可以把某一个现象从其他现象中区分出来。定型准则是指由单值性条件所组成的准则，它们由给定的条件确定，在实验之前是已知的。非定型准则是包含待定物理量的准则，它们在实验前是不知道的。例如在已知流动条件及流体物性的条件下，需要确定流体和壁面之间换热系数时，反映流动条件的雷诺相似准则 Re 和反映流体物性的普朗特准则 Pr 就是定型准则。而包含换热系数的努塞尔准则就是非定型准则。

2.4.2 相似理论的应用

应用相似理论的三个基本定理可以解决模型实验中的一系列具体问题。归纳起来就是：

（1）实验必须在相似的条件下进行。

（2）实验中应当测量包含在相似准则中所有的物理量。

（3）实验数据应当整理成相似准则的函数关系式。

（4）实验结果可以推广到相似现象中去。

根据相似理论进行模型实验时一般所采取的步骤是：

（1）确定主要的相似准则。根据微分方程式或量纲分析所导出的全部相似准则并不是每个都重要，需要经过分析略去次要的准则，以简化问题的处理。例如物体在空气中做低速运动时，只有雷诺准则起主要作用；而做高速度运动时，必须同时考虑雷诺准则和马赫准则。又如黏性流体强制流动时，对流动起主要作用的是雷诺准则，而反映密度变化的格拉晓夫准则常可忽略。

（2）在相似的条件下设计实验模型。一般情况下，模型与原型在保证单值性条件相似的情况下进行实验，保证的方法就是两者同名定型准则在数值上相等。在实际模型实验中，要满足所有同名相似准则都相等是不可能的，因此不可能完全重演相似现象。这时只能满足其中主要的相似准则相等。这种相似称为部分相似或称为近似模化。例如在一个水池中进行船舶模型的水面阻力实验时，同时需要满足 Re 准则和 Fr 准则相等的要求。如果用一个 1/20 的模型来研究真正的船舶的航行，那么为了满足 Re 和 Fr 与真值相等，必须有

$$\frac{u_\mathrm{m}}{u_\mathrm{p}} = \sqrt{\frac{gl_\mathrm{m}}{gl_\mathrm{p}}} = \sqrt{\frac{1}{20}}$$

$$v_\mathrm{m} = v_\mathrm{p}\frac{u_\mathrm{m}}{u_\mathrm{p}}\frac{l_\mathrm{m}}{l_\mathrm{p}} = 0.011v_\mathrm{p}$$

船在常温水中航行时，v_p 的值约为 $10^{-6}\mathrm{m^2/s}$，因此在模型中流体的黏度应为 $1.1 \times 10^{-8}\mathrm{m^2/s}$，但这样的流体还无法找到。由此可见要满足严格的相似是办不到的。在这个例子中，由于黏性的影响比重力小得多，所以可以不要求 Re 数相等，只要 Fr 相等就行了。对于 Re 数不同所带来的影响可以用其他方法进行修正。

（3）在实验中测量包含在相似准则中的物理量。例如在确定流体通过圆管流动的表面换热系数时，需要测量流体的速度和温度，流体的黏度、导热系数和比热，以及管子的直径和壁温。然后确定换热系数（努塞尔准则）与雷诺准则、普朗特准则之间的函数关系。列成表格，绘制曲线或建立经验公式。

（4）实验结果的推广。由模型实验结果所得的经验公式，可以直接应用于与之相似的原型流动和传热计算。

例如，采用一个缩小到 1/10 的模型来研究管式换热器中的流动情况。实验换热器中管内空气流速为 10m/s，温度为 180℃。现用 20℃ 的水在模型中做试验，问模型管内水的流速应多大？

要使模型和原型工况相似，必须使两者的雷诺准则相等，即

$$\frac{u_\mathrm{m}d_\mathrm{m}}{v_\mathrm{m}} = \frac{u_\mathrm{p}d_\mathrm{p}}{v_\mathrm{p}}$$

于是模型中的流速为：

$$u_\mathrm{m} = u_\mathrm{p}\frac{d_\mathrm{p}}{d_\mathrm{m}}\frac{v_\mathrm{m}}{v_\mathrm{p}}$$

180℃ 的空气 $v_\mathrm{p} = 32.5 \times 10^{-6}\mathrm{m^2/s}$，20℃ 的水 $v_\mathrm{m} = 1.006 \times 10^{-6}\mathrm{m^2/s}$，所以有

$$u_\mathrm{m} = 10 \times 10 \times \frac{1.006 \times 10^{-6}}{32.5 \times 10^{-6}} = 3.1\mathrm{m/s}$$

即只要在模型中维持这样的流速，就可以来模拟原型中高温高速空气的流动状况。

在研究实际问题时，有时现象十分复杂，定型准则很多，在模型上很难实现相似条件。此时可以考虑采用分割相似的方法，把现象分割成几部分，分别制作各部分的相似模型。分割的方法可以是按时间分割，即把一个复杂的物理过程按时间分割成一个个子过程，然后对每一子过程中发生的现象进行模拟；也可以按空间分割，即把一个复杂过程按空间分割成几部分，每部分建立自己的相似关系然后总合起来，最终得到整个复杂过程的模拟。

2.4.3　定性温度和特性尺度

在讨论流动和传热问题的相似时，特性尺度和定性温度的作用十分重要。所谓特性尺度是指相似准则中包含的反映物体尺度的值，如 Re 准则中的 l。决定相似准则中物性参数值的温度称为定性温度。

在利用准则关系式处理实验数据时，如何选择定性温度是一个十分重要的问题。通常

各物性参数值都随温度发生变化，所以即使温度场相似，仍不能保证物性场的相似。所以选择适当的定性温度对于相似理论的正确应用关系很大。根据边界层的概念，换热主要决定于边界层的状态。所以选用边界层平均温度 $T_m = \frac{1}{2}T_w + T_f$ 作为定性温度是恰当的。这里 T_w 代表壁面温度，T_f 代表流体温度（平均温度）。按照这个定性温度取物性值，换热系数与热流方向无关，即不论对流体是加热还是冷却，只要 T_m 一样，流动状态相似，换热系数也应相等。

但实验证明，换热系数受热流方向的影响，因此实用上对于流体在管槽内受迫运动时，可取流体的截面平均温度作为定性温度；对流体外掠物体做受迫运动时，可取来流的温度作定性温度；对自然对流，可取周围介质温度作定性温度；对液体沸腾换热可取对应压力下的饱和温度作定性温度。当然由于物性随温度的变化，根据这样的定性温度计算的相似准则不能保证严格的相等，因此这样的相似往往只是近似的。

管槽内截面平均温度可简单地用下式求出：

$$T_f = \frac{1}{V}\int_F Tu\mathrm{d}F$$

式中　　F——管截面面积；

u——流速；

V——容积流量。

由此可见，为求出截面平均温度，需要知道温度和速度沿截面的分布。

特性尺度的选择对于决定准则的数值也是一个主要因素。由于选用特性尺度不同，对同一物理现象，准则数值也不一致。通常在热工实验中采用的特性尺度为：对圆管取直径；平板取沿流动方向的板长；对横向掠过单管或管束的问题，取管的外径为特性尺度；非圆形槽道取当量直径 d_e，d_e 的定义为：

$$d_e = \frac{4F}{U}$$

式中　　F——流通截面面积；

U——截面的周长，即被润湿的周边长度。

对于由实验数据整理出的准则方程式，应注明它所采用的定性温度和特性尺度。对于采用文献中推荐的准则公式，也应按公式规定的定性温度和特性尺度进行计算，并且只能推广应用于实验时的定型准则数值范围内，否则会导致错误的结果。

3 主要热工参数的测量

热工过程是现代工业生产中的一个最基本过程。热工基础理论是研究热能和机械能之间相互转换的基本规律，流体流动和传热过程的特点、机理和计算方法，热工过程中各类物体内部的温度分布和传热量的计算，以及物体表面的热辐射性质和物体之间热量的交换规律。热工基础理论的研究方法有理论分析、实验研究和数值计算三种基本方法。由于实际存在的热工过程十分复杂，即使经过简化，有些问题仍然不能得到定量的解析解，而数值分析和计算也需要有正确的物理模型、热物性参数值和正确的边值条件。到目前为止，仅用现有的科学理论还无法完全揭示各类热现象的内在规律，因此实验研究仍然是解决各种复杂热工问题的基本手段。实践是检验真理的唯一标准，应用实验技术和测试方法来解决工程中的各种传热问题，揭示各种热现象的内在规律以及获得正确的热物理参数，是热工实验的基本任务。由于科学技术的发展，实验技术越来越先进，测试仪器也愈加精密，因而解决问题的能力也大大提高。根据实验结果，可以建立比较可靠的研究对象的物理模型，使进一步的理论分析有所依据。因此实验研究在现代科学技术的发展中，占有非常重要的地位。

科学研究的正确方法应当是：首先在某些实验观察的基础上创立一些初步的理论，根据这些初步的理论再作实验，修正理论或计算，最后得到的理论和计算结果，才能比较准确地反映客观的真实性。理论分析结果需要实验加以验证，而实验的进行又需要有理论的指导。理论分析和实验研究是相互补充，各有侧重的学科分支。

热工实验研究的任务是测定物质的各种热物理参数，确定过程中各物体所处的热状态以及它们之间热量传递的规律。为了实现这三项任务，必须要学会各主要物理量的正确测量技术和各种模拟热工过程的实验技术。下面对热工实验中的主要热工参数测量知识进行介绍。

3.1 温度测量技术

温度是我们在日常生活中最熟悉的参数之一，也是热能与动力工程系统必须测量和控制的重要参数。温度的测量是热工实验中首要的也是最基本的测量。温度的宏观概念是建立在热平衡基础之上的，它表征两个物体或系统冷热的程度，并通过互相接触进行比较。若二者存在温差，则热量从高温载体向低温载体传递；若二者的冷热程度都不发生变化，说明它们具有相同的温度。温度的微观概念是建立在统计物理学的基础之上的，物体内部微粒无规则运动能量将反映出温度的高低。

热力学第零定律很好地揭示了温度测量的基本原理，即"如果两个系统中每一个系统都与第三个系统处于热平衡，则该两个系统彼此也处于热平衡"。也就是说，通过一种感温物质可以测量物体或系统的温度。感温物质的物理特性随着温度的变化而发生相应的变化。如气体的体积或压强、液体的体积、金属的电阻和热电势等。可以利用这些感温物质的特性及随温度变化的函数关系，来确定被测物体或系统的温度。

3.1.1 各种温标

衡量温度大小的尺度称为温标。有史以来国际上共推出了 4 种温标，即经验温标、理想气体温标、热力学温标和国际温标。

经验温标包括华氏温标（Fahrenheit scale）、列氏温标（Reaumur scale）、摄氏温标（Celsius scale）三种。历史上最早出现的是华氏温标，是德国人华伦海特（D. G. Fahrenheit）大约在 1710 年提出的，将冰水混合物的温度到水的沸点温度分为 180 等份，每一等份称为 1 华氏度，用 °F 表示，规定水的冰点为 32 °F，水的沸点为 212 °F。华氏温度至今还在英、美等国使用。列氏温标出现于 1730 年，是法国博物学家列奥米尔（R. A. F. Reaumur）建议把结冰与沸腾之间的温度分成 80 等份，每一等份称为 1 列氏度，用 °Re 表示，规定冰点为 0 °Re，水的沸点为 80 °Re。这一温标在德国曾一度流行。1742 年瑞典天文学家安德·摄尔修斯（Ander Celsius）提议把结冰与沸腾之间的温度分成 100 等份，这就是摄氏温标，用 ℃ 表示。18 世纪末法国国民公会采用摄氏刻度作为公制的一部分，现在大多数国家都使用这种刻度的温度计。

理想气体温标建立的初衷是希望不与测温物质特性发生关系。根据玻意耳—马略特定律（Boyle-Mariotte's Law），当理想气体的体积不变时，由气体压强的变化可以度量温度；或者压强不变，由体积的变化来度量温度。这样利用趋近于理想气体的性质所建立的温标，就可以作为一种标准经验温标。但是这种温标也并没有摆脱实际气体的约束。

热力学温标是在热力学第二定律的基础上引入的一种与测温物质特性无关的更为科学而严密的温度标尺，是 1848 年英国著名的科学家开尔文（Kelvin, Lord William Thomson）提出的。用该温标规定的温度称为热力学温度，其单位为 K。热力学温标规定水的三相点（水的固相、液相和气相三相平衡状态）热力学温度为 273.16K。

国际温标是以一些物质可复现平衡状态的指定温度值，及其在这些温度值上分度的标准仪器和相应的插值公式为基础制定的。国际温标是在国际实用温标的基础上不断修改订制出来的。由于气体温度计的复现性较差，国际间便协议制定国际实用温标，以统一国际间的温度量值，并使之尽可能接近热力学温度。

早在 1887 年，国际计量委员会就曾决定采用定容氢气体温度计作为国际实用温标的基础。40 年后，在 1927 年第 7 届国际计量大会上，决定采用铂电阻温度计等作为温标的内插仪器，并规定在氧的凝固点（ − 182.97℃）到金的凝固点（1063℃）之间确定一系列可重复的温度或固定点。到了 1948 年第 11 届国际计量大会召开时，国际间对国际实用温标又做了若干重要修改。如以金熔点代替金凝固点，以普朗克黑体辐射定律代替维恩定律，引用更精确的常数值，计算公式更为精确。

1960 年又增加了一条重要修改，即把水的三相点作为唯一的定义点，规定其热力学温度值为 273.16K（精确），以代替原来水冰点温度为 0.00℃（精确）的规定。由多次实测，水的冰点应为（273.1500 ± 0.0001）K。采用水的三相点作为唯一的定义点是温度计量的一大进步，因为这可以避免世界各地因冰点变动而出现温度计量的差异。

1968 年对国际实用温标又做了一次修改，代号为 IPTS-68。其特点是采用了有关热力学的最新成就，使国际实用温标更接近热力学温标。这一次还规定以符号 T 表示热力学温度，并规定摄氏温度与热力学温标的热力学温度单位精确相等，摄氏温度 t = 热力学温度 $T - 273.15$K（精确）。

1975 年和 1976 年国际上又分别对 IPTS-68 做了修订和补充，把温度范围的下限由 13.8K 扩大到 0.5K。但还是出现不足之处，主要是在实验中不断发现 IPTS-68 在某些温区与国际单位制定义的热力学温度偏差甚大。

1988 年由国际度量衡委员会推荐，第 18 届国际计量大会及第 77 届国际计量委员会做出决议，从 1990 年 1 月 1 日起开始在全世界范围内采用重新修订的国际温标，这一次取名为 1990 年国际温标，代号为 ITS-90，取消了"实用"二字，因为随着科学技术水平的提高，这一温标已经相当接近于热力学温标。和 IPTS-68 相比较，100℃ 时偏低 0.026℃，即标准状态下水的沸点已不再是 100℃，而是 99.974℃。

各种温标下的温度之间的换算关系，即华氏温标、摄氏温标、列氏温标、国际温标之间的温度变换公式如表 3-1 所示。

表 3-1   各种温标下的温度之间的换算关系

待求温度	已知温度	变换公式
华氏 Fahrenheit	摄氏 Celsius	℉ = 9/5℃
摄氏 Celsius	华氏 Fahrenheit	℃ = 5/9℉
热力学 Kelvin	摄氏 Celsius	K = ℃ + 273.15
摄氏 Celsius	热力学 Kelvin	℃ = K − 273.15
列氏 Reaumur	摄氏 Celsius	°Re = ℃ × 0.8
摄氏 Celsius	列氏 Reaumur	℃ = °Re × 1.25

3.1.2   测温方式

按测量时感温元件与被测量物体或系统的接触方式可以分为接触式、非接触式以及二者兼有的混合式测温，见表 3-2。

表 3-2   测温方式和仪表分类

测温方式	温度计与传感器		测温范围/℃	测温属性、原理和主要特点
接触式	热膨胀式	液体膨胀式	−100～600	利用液体或固体热胀冷缩的性质测温，结构简单，价廉，一般直接读数
		固体膨胀式	−80～500	
	压力表式	气体式	−200～600	利用封闭在固体容积中的液体、气体及蒸汽受热压力的变化测温，抗振，价廉，可转换成电信号，准确度不高，惰性大，信号滞后
		液体式		
	热电阻	金属热电阻	−260～600	利用半导体受热后电阻率变化性质测温，体积小，响应快，灵敏度高，广泛应用于电测[①]
		半导体电阻	−260～350	

测温方式	温度计与传感器		测温范围/℃	测温属性、原理和主要特点
接触式	热电偶		-200~1700	利用金属导体产生温差电势测温，体积小，响应快，灵敏度高，广泛应用于电测[①]
非接触式	辐射式	光学高温计	-20~3500	不干扰被测温度场，可对运动体测温，响应较快，测温仪器结构复杂，价格昂贵
		比色高温计		
		红外光电计		
		红外热像仪		
混合式	光纤辐射式	黑体光纤红外辐射	300~3000	利用光纤技术，接触和非接触式测温技术的结合，具有中高温测温范围宽、响应速度快、抗干扰能力强、寿命长的特点，可以控制和监测
		消耗型光纤辐射		

①电测是指被测物体信号通过采集和处理，变成温度信号直接显示、存储或打印出来的测量方式。

3.1.2.1 接触式测温技术

本节主要介绍接触式测温中最常用的玻璃管式温度计、电阻温度计、热电偶。

A 玻璃管式温度计

玻璃管式温度计是日常生活中常见的、热能与动力工程系统中应用最广泛的一种液体膨胀式温度计。它简单实用、方便直观、准确度高、价格便宜。不足之处是其易损坏，有较大的热惯性，不能远传，不能多点测量。

(1) 结构特点：由一个测温包和与之相连接的毛细管组成，感温液体充装其内。在毛细管的两旁有温度刻度。当感温液体接触到冷热物体时，由于里边的液体与玻璃的膨胀系数不同，液体的体积变化很大，毛细管中的液体高度发生变化，与两旁的刻度相对应，便可以测量物体的温度。

(2) 感温液体：通常液体温度计使用酒精和水银，也有用甲苯、二甲苯、戊烷等有机液体。性能最稳定的是水银，其膨胀系数接近于常数，在 100kPa 的压力，-38.68~356.7℃ 的温度范围内为液体状，在 200℃ 以内刻度很均匀。由于水银膨胀系数小，所以灵敏度较低。

(3) 测温范围：感温液体属性不同，测温范围也不同。充装戊烷的玻璃温度计，可以测较低温度，一般为 -200~30℃，测温范围比较大的是水银，可测 -38~500℃。酒精温度计可测 -80~80℃。

(4) 分辨率：常用的酒精温度计分辨率较低，一般为 0.1℃；水银温度计分度值为 0.05~0.1℃，甚至能达到 0.01℃，可作为精密测量或校验其他温度计之用。

(5) 测量误差：主要有两种误差。一是由玻璃管的热惯性引起，因为温包内液体受热膨胀后，不能马上恢复到常态，然后再测量就会产生误差。二是插入误差。校对玻璃管温度计时，是将它的全部液柱浸没到被测介质中，而通常使用情况下人们只将它的感温包插入到介质中，这样就使得温度计的显示值与真值存在一定的绝对误差。除此之外容易产生的误差是人为读数，这个问题只要注意观测视线与刻度标尺垂直并同所读液面在同一水平面，就可消除。

固体膨胀式温度计有双金属温度计，它是把两种膨胀系数不同的金属薄片焊接在一起制成感温元件。这种温度计可将温度变化转换成机械量变化换算成刻度直接读取。如将双金属片制成螺旋管状，则灵敏度会更高。还有一种称之为热套式双金属温度计。它们适用于 $-80 \sim 500℃$ 的气体、液体和蒸汽的温度测量，广泛用于石油、化工、发电、纺织、印染、酿酒等行业。

B　电阻温度计

电阻温度计在许多工程技术领域里都有应用，它主要是利用金属导体受热后电阻率随温度变化的热敏性质来测量温度的。它的特点是感温部位较大，精度高，种类多，输出电信号可以远传和多点切换测量。

（1）结构特点：不论是金属还是半导体的电阻温度计实际上是由一次和二次仪表组成。电阻感温元件为一次仪表，由金属导体和半导体制成，它不能直观显示温度。二次仪表则弥补了电阻温度计的显示功能。

（2）感温电阻材质：金属类的有铂、铜、铁、镍、铟、锰、碳等。我国主要生产铂电阻和铜电阻。半导体类的主要以铁、镍、锰、钼、钛、镁、铜等一些金属氧化物为原料。在低温测量中用锗、硅、砷化镓等掺杂后做成半导体。

（3）电阻特性和测温能力：半导体电阻特性与金属的大不相同。不仅电阻值高，电阻温度系数稳定，而且在一定的温度范围内呈负的电阻温度系数，说明温度降低，电阻增大。

金属电阻温度计中铂电阻温度计测温范围最大，为 $-200 \sim 850℃$。铜的电阻与温度之间呈线性关系，电阻温度系数比较大，一般的测温范围为 $-50 \sim 150℃$，测温在上限时，铜电阻容易氧化。由于它价格比铂电阻低很多，适用于那些对测量精度要求不高、温度又较低的场合。

半导体温度计的测温范围为 $-100 \sim 300℃$。半导体温度计的主要优点是体积小，电阻率大，可以把它放到一个较小的测量局部，且它的热惯性较小。它的缺点是互换性差，非线性严重，且电阻性能不稳定。

用电阻温度计测量温度，主要在三个方面容易产生误差。一是电阻自热效应导致误差。所谓电阻自热效应，就是当一定电流通过电阻时，产生焦耳热效应，从而导致电阻温度升高带来误差。为此，电阻温度计必须在额定电流范围内工作，一般为 $2 \sim 10mA$。二是引线误差，导线电阻和接触电阻都会产生附加热电势。因此，在测量电路中，为了保证测量精度，要求选用纯度高、电阻小、抗氧化的引线。三是安装深度误差。电阻温度计插入深度不够时，传导热损失会使测量温度偏低。一般感温电阻的插入深度为保护管直径的 $15 \sim 20$ 倍。

C　热电偶

热电偶是工业上应用最为广泛的一种接触式测温元件。它的结构简单，测温范围广，准确度高，可以电测和远传。

a　热电偶的测温原理

1821 年，塞贝克发现了一个热电现象，当两种金属 A 和 B 组成闭合回路，两个接触点具有不同的温度 T_1、T_2 时，回路中就有温差电动势 $E = E_{ab}（T_1, T_2）$ 存在，并有电流通过，这种将热能转化为电能的现象称为塞贝克效应（热电效应），如图 3-1 所示。

设 N_a、N_b 分别为 A 和 B 金属导体的自由电子密度，$N_a > N_b$。当 A 和 B 金属导体接触的时候，由于它们的自由电子密度不同，电子密度大的导体中的电子就向电子密度小的导体内扩散，从而失去了电子的 A 导体具有正电位，接收到扩散来的电子的 B 导体具有负电位。这样通过扩散达到动态平衡时，A 和 B 之间就形成了一个电位差。这个电位差称为接触电动势。

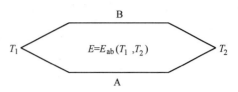

图 3-1　热电偶测温原理图

对单一金属导体，如果两端的温度不同，则两端的自由电子就具有不同的动能。温度高则动能大，动能大的自由电子就会向温度低的一端扩散。失去了电子的这一端就处于正电位，而低温端由于得到电子处于负电位。这样两端就形成了电位差，称为温差电动势。

在整个闭合回路中产生的总电动势 E_{ab}（T_1，T_2）可表示为 A、B 之间的接触电动势和温差电动势的代数和。

如果 T_1 为已知，原则上就可以由 T_2 决定 $E = E_{ab}$（T_1，T_2）的大小，反之也可以由 $E = E_{ab}$（T_1，T_2）的大小决定 T_2。只要在回路中接入测量仪器和连接导线，就可以确定 E 和 T_2。这个回路称为温差电偶或热电偶，金属 A 和 B 称为热电极。

b　热电偶的基本性质

（1）同种材料组成的闭合回路虽然有温度梯度，但是不能形成温差电势。

（2）如果整个电路的所有接点温度相同，则任何几种不同的材料组成的闭合回路的热电势都为零。由此可以得出：把第三种均匀材料加入到电路中，只要它的两端处于同样的温度，就不会改变回路的总电势，如图 3-2 所示。可以在 T_3 等温区中加入第三种均匀材料。如果已知任何两种金属 A 和 B 相对于金属 C 的热电势已知，则 A 和 B 组合的温差热电势可以叠加得到，如图 3-3 所示。即

$$E_{ab}(T_1, T_2) = E_{ac}(T_1, T_2) + E_{cb}(T_1, T_2) \tag{3-1}$$

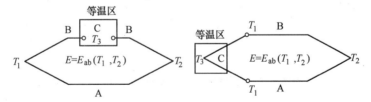

图 3-2　电路中加入第三种均匀材料不改变热电势

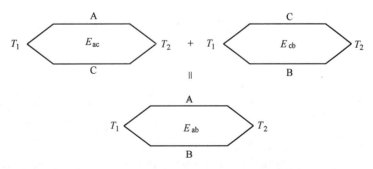

图 3-3　金属 A 和 B 相对于金属 C 热电势叠加

（3）在有不同温度区域的情况下，由两种均匀金属 A 和 C 组成的多回路所产生的热电势，如图 3-4 所示，具有式（3-2）所描述的可加性质。

$$E_{ac1}(T_1,T_2) + E_{ac2}(T_2,T_3) = E_{ac3}(T_1,T_3) \tag{3-2}$$

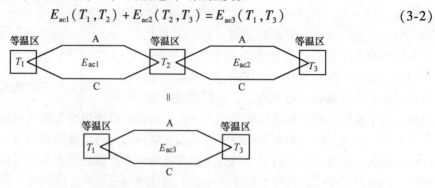

图 3-4 不同温度区域热电势的相加性

c 热电偶的分类、适用范围

（1）B 型热电偶（铂铑 30-铂铑 6 热电偶）。B 型热电偶为贵金属热电偶。偶丝直径规定为 0.5mm，允许偏差 − 0.015mm。正极（BP）的名义化学成分为铂铑合金，其中 $w(Rh)$ 为 30%，$w(Pt)$ 为 70%；负极（BN）为铂铑合金，$w(Rh)$ 为 6%，$w(Pt)$ 为 94%。故俗称双铂铑热电偶。

B 型热电偶长期最高使用温度为 1600℃，短期最高使用温度为 1800℃。B 型热电偶在热电偶系列中具有准确度最高，稳定性最好，测温区宽，使用寿命长，测温上限高等优点。该热电偶适用于氧化性和惰性气氛中，也可短期用于真空中，但不适用于还原性气氛或含有金属或非金属蒸气的气氛中。B 型热电偶一个明显的优点是不用补偿导线进行补偿，因为在 0~50℃ 内热电势小于 3μV。其不足之处是热电势值小，灵敏度低，高温下机械强度下降，对污染非常敏感，价格昂贵，工程一次性投资较大。

（2）R 型热电偶（铂铑 13-铂热电偶）。R 型热电偶为贵金属热电偶。偶丝直径规定为 0.5mm，允许偏差 − 0.015mm，其正极（RP）的名义化学成分为铂铑合金，其中 $w(Rh)$ 为 13%，$w(Pt)$ 为 87%，负极（RN）为纯铂，长期最高使用温度为 1300℃，短期最高使用温度为 1600℃。

R 型热电偶也具有准确度高，稳定性好，测温区宽，使用寿命长等优点。其物理化学性能、热电势稳定性及在高温下抗氧化性能都很好，适用于氧化性和惰性气氛中。由于 R 型热电偶的综合性能与 S 型热电偶相当，在我国一直难于推广研究，除在进口设备上的测温有所应用外，国内测温很少采用。1967~1971 年，英国 NPL、美国 NBS 和加拿大 NRC 三大研究机构进行了一项合作研究，其结果表明，R 型热电偶的稳定性和复现性比 S 型热电偶均好。

R 型热电偶不足之处与 B 型热电偶相同。

（3）S 型热电偶（铂铑 10-铂热电偶）。S 型热电偶属于贵金属热电偶。偶丝直径规定为 0.05mm，允许偏差 − 0.015mm，其正极（SP）的名义化学成分为铂铑合金，其中 $w(Rh)$ 为 10%，$w(Pt)$ 为 90%，负极（SN）为纯铂，故俗称单铂铑热电偶。该热电偶长期最高使用温度为 1300℃，短期最高使用温度为 1600℃。适用于氧化性气氛中测温，不推荐在还原性气氛中工作，短期可以在真空中使用。参考点在 0~100℃ 不用补偿导线。

（4）K 型热电偶（镍铬-镍硅热电偶或者镍铬-镍铝热电偶）。K 型热电偶以前分度号为 EU-2，是目前用量最大的廉金属热电偶。正极镍铬（KP）的名义化学成分为：$w(Ni):w(Cr)=90:10$，负极镍硅（KN）的名义化学成分为：$w(Ni):w(Si)=97:3$，其使用温度为 $-200\sim1300℃$。K 型热电偶具有线性度好，热电动势较大，灵敏度高，稳定性和均匀性较好，抗氧化性能强，价格便宜等优点。在 $1000℃$ 以下可以长期使用，在 $500℃$ 以下可以应用于各类气氛中，短期可以应用于真空，不宜在 $500℃$ 以上的还原性气氛及含硫气氛中使用。需要说明的是，我国已经基本上用镍铬-镍硅热电偶取代了镍铬-镍铝热电偶。国外仍然使用镍铬-镍铝热电偶。两种热电偶的化学成分虽然不同，但其热电特性相同，使用同一分度表。

（5）N 型热电偶（镍铬硅-镍硅热电偶）。N 型热电偶为廉金属热电偶，是一种国际标准化的热电偶，在 20 世纪 70 年代初由澳大利亚国防部实验室研制成功。它克服了 K 型热电偶在 $300\sim500℃$ 由于镍铬合金的晶格短程有序而引起的热电势不稳定以及在 $800℃$ 左右由于镍铬合金发生择优氧化引起的热电势不稳定问题。正极（NP）的名义化学成分为：$w(Ni):w(Cr):w(Si)=84.4:14.2:1.4$，负极（NN）的名义化学成分为：$w(Ni):w(Si):w(Mg)=95.5:4.4:0.1$，其使用温度为 $-200\sim1300℃$。N 型热电偶不能直接在高温下用于含硫、还原性或还原、氧化交替的气氛中和真空中，也不推荐用于弱氧化气氛中。

由于 N 型热电偶综合性能优于 K 型热电偶，在国内并有部分取代 S 型热电偶的趋势，是一种很有应用前途的热电偶。

（6）E 型热电偶（镍铬-铜镍热电偶）。E 型热电偶又称镍铬-康铜热电偶，也是一种廉金属的热电偶，正极（EP）为镍铬 10 合金，化学成分与 KP 相同；负极（EN）为铜镍合金，名义化学成分为：$w(Cu)$ 为 55%，$w(Ni)$ 为 45%，以及少量的锰、钴、铁等元素。该热电偶的使用温度为 $-200\sim900℃$。

E 型热电偶热电动势之大，灵敏度之高属所有热电偶之最，宜制成热电堆，测量微小的温度变化。E 型热电偶对于高湿度气氛的腐蚀不太敏感，可用于湿度较高的环境。它还具有稳定性好，抗氧化性能优于铜-康铜、铁-康铜热电偶，价格便宜等优点，能用于氧化性和惰性气氛中。E 型热电偶的缺点是不能直接在高温下用于含硫、还原性气氛中，热电势均匀性较差。

（7）J 型热电偶（铁-铜镍热电偶）。J 型热电偶又称铁-康铜热电偶，也是一种价格低廉的廉金属的热电偶。它的正极（JP）的名义化学成分为纯铁，负极（JN）为铜镍合金，常被含糊地称之为康铜，其名义化学成分为：$w(Cu)$ 为 55%，$w(Ni)$ 为 45% 以及少量却十分重要的锰、钴、铁等元素，尽管它叫康铜，但不同于镍铬-康铜和铜-康铜的康铜，故不能用 EN 和 TN 来替换。铁-康铜热电偶的覆盖测量温区为 $-200\sim1200℃$，但通常使用的温度为 $0\sim750℃$。

J 型热电偶具有线性度好，热电动势较大，灵敏度较高，稳定性和均匀性较好，价格便宜等优点。可用于真空、氧化、还原和惰性气氛中，但正极铁在高温下氧化较快，故使用温度受到限制，也不能直接无保护地在高温下用于硫化气氛中。

（8）T 型热电偶（铜-铜镍热电偶）。T 型热电偶又称铜-康铜热电偶，是一种测量低温的最佳的廉金属热电偶。它的正极（TP）是 $w(Cu)$ 为 100%，负极（TN）为铜镍合金，$w(Cu)$ 为 55%，$w(Ni)$ 为 45%。正名为康铜，它与镍铬-康铜的康铜 EN 通用，与铁-康铜的康铜 JN 不能通用，尽管它们都叫康铜，铜-铜镍热电偶的测量温区为 $-200 \sim 350℃$。

    T 型热电偶具有线性度好，热电动势较大，灵敏度较高，稳定性和均匀性较好，价格便宜等优点。特别在 $-200 \sim 0℃$ 温区内使用，稳定性更好，年稳定性可小于 $\pm 3 \mu V$，经低温检定可作为二等标准进行低温量值传递。

    T 型热电偶的正极铜在高温下抗氧化性能差，故使用温度上限受到限制。

    d   热电偶主要结构形式

    铠装式热电偶由热电偶丝、绝缘材料、保护套管（金属或陶瓷）上部接线盒构成，如图 3-5 所示。感温形式主要分成不露头型、露头型、绝缘型（也叫戴帽型）。不露头型反应速度较快，机械强度高，耐压达 30MPa 以上，可以做出各种形状，用于各种复杂的测温场合，但不适用于有电磁干扰的场合。露头型铠装热电偶的时间常数仅为 0.05s，适于测量发动机排气等要求响应快的温度测量或动态测温，但机械强度较低。绝缘型反应速度较前两种慢，使用寿命长，抗电磁干扰，对无特殊快速响应要求的场合多采用此种形式。另外还有一种叫分离式绝缘型，可避免两支热电偶之间的信号干扰，其特点同于绝缘型。

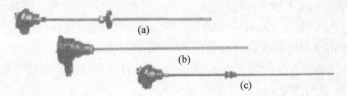

图 3-5   工业用热电偶结构示意图

（a）铠装固定卡套法兰热电偶；（b）铠装防爆热电偶；
（c）铠装可动卡套螺纹热电偶

    e   热电偶的参考点和冷端补偿

    热电偶的参考点影响输出热电偶电势的大小。各种热电偶的分度值（热电偶所产生的热电势与温度的对应关系）都是在参考点为 0℃ 的情况下得到的。精确的测量往往采用冰点作为参考点。用蒸馏水做成冰水混合物，放在保温瓶中。

    热电偶在使用过程中，一般规定为：热电偶温度已知的一端为冷端或参考点，而热电偶温度未知的一端为测量端或热端。如果冷端温度不是 0℃，就要进行冷端温度补偿修正，对应于测量某处的温度，如图 3-6 所示，测量端的温度用式（3-3）表示。

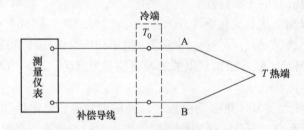

图 3-6   冷端温度不为 0℃ 时的测量电路

$$E(T,0) = E(T,T_0) + E(T_0,0) \tag{3-3}$$

式中 T，T_0——分别为热端温度和冷端温度，℃；

    $E(T, 0)$——从 0℃ 到 T 的热电势，mV；

$E(T, T_0)$——从冷端到热端的热电势，mV；

$E(T_0, 0)$——从0℃到冷端的热电势，mV。

因为当 $T_0 = 0$℃时，测量仪表输出的是 $E(T, 0)$；如果 $T_0 \neq 0$℃时，测量仪表输出的是 $E(T, T_0)$，这时就不能从相应的热电偶分度值上查到正确的温度，需要按照式（3-3）计算出 $E(T_0, 0)$，然后再查表。

为了使热电偶的冷端温度恒定，可以将热电偶做得很长，连同测量仪器一起放到恒温或者温度波动较小的地方。但是延长热电偶，要加大成本，多数是接入成本较低的补偿导线来代替。所谓补偿导线就是用热电性质与热电偶相近的材料制成导线。用它将热电偶的参考端延长到需要的地方，而且不会对热电偶回路引入超出允许的附加测温误差。

f 热电偶测量气体时测温误差的分析

气体温度的测量是研究热气体流动规律和火焰结构极为重要的研究手段。作为接触的测量方法常用热电偶。测量时，直接将热电偶放入被测热气体或烟气当中，当热电偶达到热平衡时，往往存在：

（1）热气体向热电偶的对流传热。

（2）辐射性气体向热电偶辐射热量，或者热电偶向炉壁等辐射传热。

（3）气体速度动能转变为热能。

（4）沿热电偶的导热损失。

因此用热电偶测量气体温度存在误差是比较明显的，应该对这些误差进行分析并且采取一定的改进措施，使其得到一个相对精确的结果。

（1）热气体向热电偶对流传热。热气体以对流方式向热电偶接点传递热量，设其换热量为 Q_c，即

$$Q_c = h(T_g - T_t)A \tag{3-4}$$

式中 Q_c——对流换热量，W；

T_g，T_t——分别为热气体温度，热电偶接点温度，K；

A——热电偶接点面积，m^2；

h——对流表面传热系数，W/($m^2 \cdot$ K)。

通常对流换热系数由努塞尔数（Nu）、普朗特数（Pr）和雷诺数（Re）决定。如果测量燃烧炉内的温度，当燃烧产物 $Pr = 0.7$，$Re > 1500$ 时，$Nu = f(Re)$ 的关系可以用下面两种情况来描述。

第一种情况，热电偶与气体流向呈直角时：

$$Nu = (0.44 \pm 0.06) Re^{0.5} \tag{3-5}$$

第二种情况，热电偶与气体流向平行时：

$$Nu = (0.085 \pm 0.009) Re^{0.674} \tag{3-6}$$

由 $Nu = \dfrac{hl}{\lambda}$，其中，l 是定性尺寸，由实际情况确定，λ 是气体的热导率，便可以确定对流表面传热系数 h。

（2）辐射传热的影响。当被测气体中含有 CO_2 和 H_2O 等具有辐射能力的三原子气体时，这些气体不仅与壁面产生辐射热交换，也与测温热电偶产生辐射热交换。同时热电偶还要向壁面交换热量。

根据有效辐射的概念和热电偶接点在测量环境下的热平衡，可以估计热电偶获得的净热量 Q_r 为：

$$Q_r = \varepsilon_n \sigma_0 (T_g^4 - T_t^4) A \qquad (3-7)$$

式中　　Q_r——净辐射热量，W；

　　　　ε_n——当量发射率，或称当量黑度，当壁面比热电偶接点面积大很多时，当量发射率接近于热电偶发射率 ε，可用 ε 代替 ε_n；

　　　　σ_0——黑体的斯蒂芬–玻耳兹曼常量，$\sigma_0 = 5.675 \times 10^{-8}\,\text{W}/\;(\text{m}^2 \cdot \text{K}^4)$。

如果忽略气体对热电偶的辐射和热电偶本身的导热，只考虑热电偶对壁面的辐射传热，将式（3-4）和式（3-7）联立，注意到热平衡，$Q_c = Q_r$，便可整理出由于辐射和对流换热所引起的温度测量误差：

$$\Delta T_{rc} = T_g - T_t = \frac{\varepsilon \sigma_0}{h_c}(T_g^4 - T_t^4) \qquad (3-8)$$

热电偶的发射率可以查找有关资料，对于 S 型热电偶，在 1400℃ 时，$\varepsilon = 0.18$；在 1500℃ 时，$\varepsilon = 0.19$；在 1600℃ 时，$\varepsilon = 0.2$。对于镍铬–镍硅热电偶，未氧化时，$\varepsilon = 0.2$；完全氧化后它的发射率增大，$\varepsilon \approx 0.85$。

（3）气体的动能转变为热能引起的测量误差。当气体具有较大的速度冲击热电偶时，其动能将全部转变为热能，使热电偶所测出的温度升高，由此产生测量误差。

（4）热电偶的传导传热引起的测量误差。在一均匀的炉内气氛中，从炉墙插入一根热电偶，长 L（m）。热电偶指示温度为 T_t，炉外空气温度为 T_{air}，炉气温度为 T_g，如图 3-7 所示。

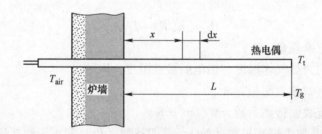

图 3-7　热电偶热传导分析

常物性、稳态、三维且有内热源的导热微分方程（泊松 Poisson 方程）为：

$$\frac{\partial^2 T}{\partial x^2} + \frac{\partial^2 T}{\partial y^2} + \frac{\partial^2 T}{\partial z^2} + \frac{\dot{Q}}{\lambda} = 0 \qquad (3-9)$$

对图 3-7 的物理模型，假设：

（1）将热电偶看成是一根与炉壁面垂直且紧密接触无限大的长杆，杆内任意断面的温度都是均匀的，炉壁面为半无限大的绝热平壁。

（2）整个系统处于热平衡状态，只有热电偶接点处存在热流。

（3）热电偶的热导率 λ 和表面传热系数 h 均为常数。

经过上述简化，热电偶的导热就可以看成是一维稳态导热问题。并可以认为，是由炉气（周围环境）向热电偶传送热量的，因此从热电偶的接点沿长度方向至炉内壁温度是逐渐降低的，式（3-9）可以简化为：

$$\frac{\partial^2 T}{\partial x^2} + \frac{\dot{Q}}{\lambda} = 0 \tag{3-10}$$

对于式（3-10）中的源项 $\dot{Q}$，可以通过热电偶的整个表面与炉内所交换的热量折算成截面上的体积源项。设热电偶外径为 D，炉气与热电偶之间的表面传热系数为 h，即

$$\dot{Q} = \frac{\pi D \mathrm{d}x \cdot h(T_g - T_t)}{\frac{\pi D^2}{4} \cdot \mathrm{d}x} = \frac{4h(T_g - T_t)}{D}$$

整理有

$$\frac{\partial^2 T}{\partial x^2} = -\frac{4h(T_g - T_t)}{\lambda D} \tag{3-11}$$

这是关于温度 T 的二阶非齐次微分方程。为了求解方程，引入过余温度 $\theta = T_t - T_g$，并将式（3-11）的常量设为 $m = \sqrt{\dfrac{4h}{\lambda D}}$，于是热电偶导热的完整数学模型为二阶线性齐次常微分方程，即

$$\frac{\mathrm{d}^2 \theta}{\mathrm{d}x^2} = m^2 \theta \tag{3-12}$$

边界条件为 $x = 0$，$\theta = \theta_0 = T_{air} - T_g$；$x = L$，$\dfrac{\mathrm{d}\theta}{\mathrm{d}x} = 0$。

其通解为 $\theta = c_1 \mathrm{e}^{mx} + c_2 \mathrm{e}^{-mx}$。

式中，c_1 和 c_2 由边界条件可求，$c_1 + c_2 = \theta_0 = T_{air} - T_g$。

那么热电偶中的温度分布为 $c_1 m \mathrm{e}^{ml} - c_2 m \mathrm{e}^{-ml} = 0$，

$$\theta = \theta_0 \frac{\mathrm{ch}[m(x-L)]}{\mathrm{ch}(mL)} \tag{3-13}$$

令 $x = L$，$\mathrm{ch}0 = 1$ 可得 $\theta_L = \dfrac{\theta_0}{\mathrm{ch}(mL)}$。 $\tag{3-14}$

炉内的热量通过热电偶传导到炉内壁 $x = 0$ 处，将式（3-13）代入傅里叶定律表达式，则热电偶的导热损失量 $Q_{x=0} = -\lambda \dfrac{\pi D^2}{4}\left(\dfrac{\mathrm{d}\theta}{\mathrm{d}x}\right)_{x=0}$。

即

$$Q_{cond} = \lambda \frac{\pi D^2}{4} \theta_0 m \mathrm{th}(mL) = \frac{\lambda \pi D h}{m}(T_{air} - T_g)\mathrm{th}(mL) \tag{3-15}$$

热电偶温度分布式（3-13）、式（3-14）和导热损失式（3-15）中的双曲余弦、双曲正切函数可以通过数学手册查找到。

热电偶的响应时间。由一维的非稳态导热的微分方程

$$\frac{\partial T_t}{\partial \tau} = \frac{\lambda}{c_p \rho} \frac{\partial^2 T}{\partial x^2} \tag{3-16}$$

可知热电偶测温信号随响应时间的变化 $\dfrac{\partial T_t}{\partial \tau}$ 受控于热电偶的热物性参数，即热电偶的热导率 λ 与响应时间成反比，质量定压热容 c_p 及材质密度 ρ 与响应时间成正比。

从上述分析可以得出减少热电偶测量误差的措施为：提高气流与热电偶的对流换热能

力；减少热电偶辐射和传导传热量；取尽量小的热电偶直径；选择热电偶的材质热容要小，热导率要高。

3.1.2.2　非接触式测温技术

与接触式测温技术相比，非接触测温技术以卓越的优势得到快速发展。在早期光学高温计、全辐射高温计、比色高温计等传统非接触式测温技术的基础上发展了红外测温（infrared temperature measurement）技术、全息干涉测温技术等。

光学高温计和全辐射高温计在20世纪90年代以前用得比较多，它们主要利用物体的辐射性能进行测量。但共同的缺点是受被测物体表面辐射率影响和辐射途径（光路系统）中各种介质的选择性吸收辐射能的影响，准确度不高。

比色高温计是利用同一被测物体的两个辐射波长下的单色辐射强度之比随温度变化的特性进行测温的。

A　光学高温计

物体在高温状态下会发光，当温度高于700℃就会明显地发出可见光，具有一定的亮度。物体在波长 λ 下的亮度 B_λ 和它的单色辐射强度 E_λ 成正比。设 C 为比例常数，则 $B_\lambda = CE_\lambda$，黑体在波长 λ 的亮度 $B_{0\lambda}$ 与温度 T_s 的关系为：

$$B_{0\lambda} = Cc_1\lambda^{-5}e^{-(\frac{c_2}{\lambda T_s})} \tag{3-17}$$

实际物体在波长 λ 的亮度 B_λ 与温度 T 的关系为：

$$B_\lambda = C\varepsilon_\lambda c_1\lambda^{-5}e^{-(\frac{c_2}{\lambda T})} \tag{3-18}$$

如果用一种测量亮度的光学高温计来测量单色辐射系数 ε_λ 不同的物体温度，由式（3-18）可知，即使它们的亮度 B_λ 相同，其实际温度也会因 ε_λ 不同而不同。为了具有通用性，对这类高温计做了如下规定，光学高温计的刻度按黑体（$\varepsilon_\lambda = 1$）进行。用这种刻度的高温计去测量实际物体（$\varepsilon_\lambda \neq 1$）的温度，所得到的温度示值叫做被测物体的"亮度温度"。亮度温度的定义是：在波长 λ 的单色辐射中，若物体在温度 T 时的亮度 B_λ 和黑体在温度 T_s 时的亮度 $B_{0\lambda}$ 相等，则把黑体温度 T_s 称为被测物体在波长 λ 时的亮度温度。按此定义根据式（3-17）和式（3-18）可推导出被测物体实际温度 T 和亮度温度 T_s 之间的关系为：

$$\frac{1}{T_s} - \frac{1}{T} = \frac{\lambda}{c_2}\ln\frac{1}{\varepsilon_\lambda} \tag{3-19}$$

可见使用已知波长 λ 的光学高温计测得物体亮度温度后，必须同时知道物体在该波长下的辐射系数 ε_λ，才可知道实际温度。实际温度可用式（3-19）计算。从公式（3-19）可以看出，因为 ε_λ 总是小于1，所以测得的亮度温度 T_s 总是低于物体真实温度 T。

a　灯丝隐灭式光学高温计

灯丝隐灭式光学高温计是一种典型的单色辐射光学高温计，图3-8是隐丝式光学高温计的原理示意图。

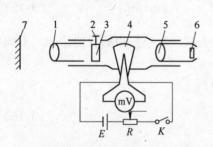

图 3-8　光学高温计原理示意图

1—物镜；2—旋钮；3—吸收玻璃；
4—光度标准灯；5—目镜；6—红色滤光片；
7—被测对象；mV—毫伏计

当合上按钮开关 K 时，光度标准灯 4 的灯丝由电池 E 供电，灯丝的亮度取决于流过电流的大小，调节滑线电阻 R 可以改变流过灯丝的电流，从而调节灯丝亮度。毫伏计 mV 用来测量灯丝两端的电压，该电压随流过灯丝电流的变化而变化，间接地反映出灯丝亮度的变化。因此当确定灯丝在特定波长（0.65μm 左右）上的亮度和温度之间的对应关系后，毫伏计的读数即反映出温度的高低，所以毫伏计的标尺可按温度刻度。

由放大镜 1（物镜）和 5（目镜）组成的光学透镜相当于一架望远镜，它们均可调整沿轴向运动，调整目镜 5 的位置使观测者可清晰地看到标准灯的弧形灯丝，调整物镜 1 的位置使被测物体成像在灯丝平面上，在物体形成的发光背景上可以看到灯丝。观测者目视比较背景和灯丝的亮度，如果灯丝亮度比被测物体的亮度低，则灯丝在背景上呈现出暗的弧线，如图 3-9（a）所示；若灯丝亮度比被测物体亮度高，则灯丝在相对较暗的背景上呈现出亮的弧线，如图 3-9（c）所示；只有当灯丝亮度和被测物体亮度相等时，灯

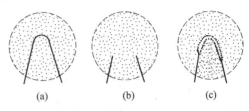

图 3-9 灯丝与亮度比较的三种情况
（a）灯丝太暗；（b）灯丝隐灭；（c）灯丝太亮

丝隐消在物像的背景里，如图 3-9（b）所示，此时，毫伏计所指示的温度即相当于被测对象"亮度温度"的读数。利用式（3-19）或有关表格即可获得被测对象的真实温度。

b 使用方法

光学高温计的使用步骤如下：

（1）瞄准被测物体。可将红色滤光片和吸收玻璃移出视野，前后移动物镜及目镜，使被测物及灯丝清晰可见。

（2）比较亮度。接通电源，将红色滤光片移入视场，调节滑线电阻，使灯丝与被测物亮度相同，在视觉上似乎灯丝隐消到被测物的背景中了，这时从测量仪表指针停留的位置上读出温度数值，即表示同一亮度下被测物为绝对黑体时的温度。

（3）测温范围的选择。估计被测物的温度，转动吸收玻璃的旋钮，可以分别显示出 1、2 的数字标记，它们分别代表低量限与高量限的两个测量范围。由于吸收玻璃的引入，温度绝对误差增大，因此能在低量限下测量的温度，最好不要用高量限。

c 测量误差

（1）黑度系数的影响。光学高温计的标尺是按绝对黑体标定的，而实际的被测物体又都不是绝对黑体，仪表的读数应当按式（3-19）引入单色黑度系数后进行修正，求出真实温度。由于黑度系数值与物体的材质、表面状况、温度范围及波长等有关，虽然一些书籍中列入了某些材料的 ε_λ 值，但也只告诉了一个估值范围，实际应用中较难估计准确，所求得的修正值也难以完全修正测量误差。这是辐射式温度计应用中较难解决的一个问题。为了克服此困难，可以在测量中，让被测对象尽可能地向绝对黑体接近。例如，从炉门上的小孔观测炉膛内部空间的温度，可以认为其黑度系数 ε_λ 近似为 1，根据式（3-19）仪表示值就基本上是炉膛内的真实温度，无须加以修正了。

（2）中间介质的吸收。被测物至高温计物镜之间的水蒸气、二氧化碳、灰尘等均会吸收被测物的辐射能，减弱到达高温计灯泡灯丝处的亮度，使测量结果低于实际温度，形成负的误差。因此应当尽可能地在清洁的环境中测量，以克服中间介质吸收的影响。

（3）非自身辐射的影响。如果到达光学高温计镜头的辐射线不仅有被测物自身的辐射，还有其他物体发出经被测物表面反射而进入物镜的射线时，亮度平衡的结果将产生正的测量误差，应予以防止。

B　全辐射高温计

全辐射高温计是根据绝对黑体在整个波长范围内的辐射能量与其温度之间的函数关系而设计制造的，它的基本结构是：用辐射感温器作为一次仪表，用动圈仪表或电子电位差计作为二次仪表，另外还附有一些辅助装置。以电子电位差计作为二次仪表的全辐射高温计，也称全辐射自动平衡指示调节仪。图3-10为全辐射高温计原理示意图。

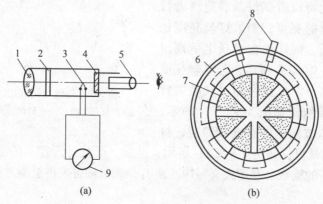

图 3-10　全辐射高温计原理示意图
（a）结构示意图；（b）热电堆示意图
1—物镜；2—补偿光栏；3—热电堆；4—灰色滤光片；5—目镜；
6—云母片；7—铂箔；8—热电堆接线片；9—二次仪表

被测物体的全辐射能量由物镜1聚焦经光栏2投射到热接收器3上（热接收器多为热电堆）。热电堆是由4~8支微型热电偶串联而成，以得到较大的热电势。热电偶的测量端在铂箔上，铂箔涂成黑色以增加热吸收系数。热电堆的输出热电势接到显示仪表或记录仪表上。热电偶的参考端贴夹在热接收器云母片中。在瞄准物体的过程中可以通过目镜5进行观察；目镜前有灰色滤光片4用来削弱光强，保护观察者的眼睛。整个高温计机壳内涂成黑色以使减少杂光干扰。

全辐射高温计是按绝对黑体对象进行分度的，用它测量辐射率为 ε 的实际温度时，其示值并非真实温度，而是被测物体的"辐射温度"。辐射温度的定义是：温度为 T 的物体全辐射能量 E 等于温度为 T_p 的绝对黑体全辐射能量 E_0 时，则温度 T_p 称为被测物体的辐射温度。按 ε 的定义，$\varepsilon = E/E_0$ 则有

$$T = T_p \sqrt[4]{\frac{1}{\varepsilon}} \qquad\qquad (3\text{-}20)$$

由于 ε 总是小于1，所以测到的辐射温度总是低于实际物体的真实温度。

使用全辐射高温计应注意的事项有：

（1）全辐射的辐射率 ε 随物体成分、表面状态、温度和辐射条件有着较大范围的变化，因此应尽可能准确地得到被测物体的 ε 有关数据或者创造人工黑体条件，例如将细长封底的碳化硅管或氧化铝管插入被测对象，以形成人工黑体。

（2）高温计和被测物体之间的介质，如水蒸气、二氧化碳、尘埃等对热辐射有较强的吸收能力，而且不同介质对各波长的吸收率也不相同，为此高温计与被测物体之间距离不可太远。

（3）使用时环境温度不宜太高，以免引起热电堆参比端温度增高。虽然设计温度计时对参比端温度有一定的补偿措施，但还做不到完全补偿，例如被测物体温度为1000℃，环境温度为50℃时，高温计指示值偏低约5℃；环境温度为80℃时示值偏低10℃，环境温度高于100℃时则须加水冷气幕保护套以降温和防尘。

（4）被测物体到高温计之间距离 L 和被测物体的直径 D 之比 $\left(\dfrac{L}{D}\right)$ 有一定限制。当比值太大时，被测物体在热电堆平面上成像太小，不能全部覆盖住热电堆十字形平面，使热电堆接收到辐射能减少，温度示值偏低；当比值太小时，物像过大，使热电堆附近的其他零件受热，参比端温度上升，也造成示值下降。

C 红外测温仪

任何物体在温度较低时向外辐射的能量大部分是红外辐射。普朗克公式、维恩公式和斯蒂芬-玻耳兹曼公式同样也适用于红外辐射。通过测量物体红外辐射来确定物体温度的温度计叫做红外测温仪。

红外测温仪分为全（红外）辐射型、单色（某一波长或波段）红外辐射型和比色型等。单色红外辐射感温器实际上是接受某一很窄波段（$\lambda_1 \sim \lambda_2$）的红外辐射线。在这波段内的辐射能可用普朗克（或维恩）公式积分求得，即

$$E_{o(\lambda_1 \sim \lambda_2)} = \int_{\lambda_1}^{\lambda_2} E_{o(\lambda)} \, d\lambda = \int_{\lambda_1}^{\lambda_2} C_2 \lambda^{-5} e^{-\frac{c_2}{\lambda T}} d\lambda \tag{3-21}$$

积分的结果必然会得出辐射能与温度 T 之间的关系，对于灰体也要用黑度加以修正。当 λ_1 远大于 λ_2 时，包括了所有红外线波长时，式（3-21）即为全红外辐射能与温度之间的关系。这些就是制作红外测温仪的原理。

红外测温仪由红外辐射通道（光学系统）和红外变换元件（红外探测器）组成。变换元件的输出信号送到显示仪表以显示被测温度。

3.1.3 温度显示仪表

显示仪表，就是接受测温元件的输出信号，将测量值显示出来以供观察的仪表。显示仪表已逐步形成一套完整的体系，大致可分为模拟式、数字式和图像显示三大类。

模拟式显示仪表是指利用指针与标尺间的相对位移量或偏转角来模拟显示被测参数的连续变化的数值。采用这一显示方法的仪表结构简单、工作可靠、价格低廉、易于反映被测参数的变化趋势，因此目前生产中仍大量被应用。

数字式显示仪表是以数字的形式直接显示出被测数值，因其具有速度快、准确度高、读数直观、便于与计算机等数字装置联用等特点，正在迅速发展。

图像显示仪表就是直接把工艺参数的变化量以图形、字符、曲线及数字等形式在荧光屏上进行显示的仪器。它是随着电子计算机的应用相继发展起来的一种新型显示设备，兼有模拟式和数字式两种显示功能，并具有大存储量的记忆功能与快速性功能，是现代计算机不可缺少的终端设备，常与计算机联用，作为计算机集中控制不可缺少的显示装置。

3.1.3.1　动圈式仪表

动圈式仪表是一种广泛使用的模拟式显示仪表，按其具有的功能分指示型（XCZ）和调节型（XCT）两类，可与热电偶、热电阻以及其他的能把被测参数变换成直流毫伏信号的装置相配合，实现对温度等参数的指示和调节。下面以指示型（XCZ）为例叙述。

A　工作原理

动圈式仪表是一种磁电式仪表，如图 3-11 所示。其中动圈是漆包细铜线绕制成的矩形框，用张丝把它吊置在永久磁铁的磁场之中。当测量信号（直流毫伏）输入动圈时，便有一微安级电流通过动圈。此时载流动圈将受磁场力作用而转动，与此同时，张丝随动圈转动而扭转，张丝就产生反抗动圈转动的力矩，这个反力矩也随着张丝扭转角的增大而增大。当两力矩平衡时，动圈就停转在某一位置上。这时，装在动圈上的指针，就在刻度面板上指示出相应的读数。

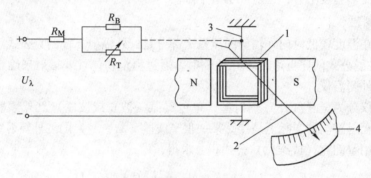

图 3-11　动圈式仪表工作原理
1—动圈；2—指针；3—张丝；4—面板

动圈偏转角 α 的大小，与流过动圈的电流 I 成正比，表达为：

$$\alpha = CI \tag{3-22}$$

式中，C 为仪表常数，决定于动圈匝数和尺寸、磁感应强度、张丝的材料和尺寸等因素。

动圈仪表配热电偶测温，外加测量信号为热电偶热电势 $E_{AB}(t, t_0)$，设测量回路中的总电阻为 R_Σ，则动圈仪表的偏转角 α 为：

$$\alpha = CI = C\frac{E_{AB}(t, t_0)}{R_\Sigma} \tag{3-23}$$

如果测量回路总电阻为常数，则仪表偏转角与待测热电势 $E_{AB}(t, t_0)$ 成正比。这时，装在动圈仪表上的指针，就在刻度面板上指示出相应的读数。测量回路电阻 R_Σ 包括表内电阻 $R_内$ 和表外电阻 $R_外$ 两部分，在测量过程中，R_Σ 数值应保持不变，否则流过动圈的电流就不同，被测热电势 $E_{AB}(t, t_0)$ 未变，则测量指示值将偏大或偏小，造成测量误差。

B　动圈电阻的温度补偿

动圈本身电阻是由铜导线绕制的，当环境温度升高时，电阻就增大。在相同的毫伏信号输入下，流过动圈的电流将减小，则仪表的指示值将偏低。因此，就需要对动圈的电阻进行温度补偿。一般在线路中串联热敏 R_T，它的阻值随温度的升高而下降，且成指数规律变化。

C 量程电阻

在动圈仪表设计时，要求统一表头组件去适应不同的测量范围，当测量大小不同的信号时，只要适当调整表头中的量程电阻 R_M，就可以改变测量仪表的量程。R_M 通常用锰铜丝绕制而成。

D 表外电阻的匹配

动圈仪表在实际应用时，由于所采用的热电偶和连接导线的类型、线径大小和长短的不同，表外电阻 $R_{外}$ 的数值也不相同。为此，在动圈仪表进行刻度时，采用规定外电阻为定值的办法解决这个问题。配用热电偶的动圈仪表统一规定 $R_{外}$ 为 15Ω，此值标注在仪表面板上，制造厂对每一动圈仪表均附一个可调电阻。若表 $R_{外}$ 电阻值不足 15Ω，把 $R_{调}$ 串入测量回路中，调整 $R_{调}$ 的阻值使 $R_{外}$ 为 15Ω 即可。

配热电偶动圈仪表的型号为 XCZ-101，测量线路如图 3-12 所示。

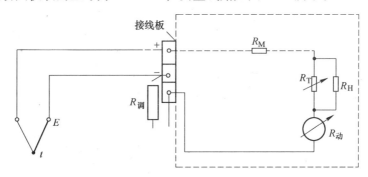

图 3-12 配热电偶动圈仪表测量线路

E 仪表使用时的注意事项

（1）配套使用，仪表面板上标有与热电偶配套的分度号。例 s 分度号的仪表只能与 s 型热电偶配用。

（2）表外电阻应符合规定值，$R_{外}$ 电阻值不足 15Ω 时利用 $R_{调}$ 凑足。

（3）热电偶冷端温度不是 $0℃$ 且基本稳定时，要调整仪表指针的机械零位，使其预先指示在冷端实际温度上。

（4）定期校验，以保证仪表测量可靠、准确。

3.1.3.2 自动平衡显示仪表

动圈式仪表实际是一种测量电流的仪表，测量中能引起动圈电流变化的每一种干扰因素都会导致误差。自动平衡显示仪表的测量原理优于动圈仪表，具有较高的准确度，在生产过程和科学研究中已得到普遍的应用。这一类仪表有两个基本的系列：电子电位差计和电子自动平衡电桥。

A 电子电位差计

电子电位差计与热电偶及其他测量元件（或变送器）配套后，可以显示和记录温度、压力、流量、物位等参数。电子电位差计的工作原理是基于电压平衡原理进行的，如图 3-13所示。

图中 E_t 是被测热电势（未知量），电源 E 与滑线电阻 R_p 构成工作电流回路，产生已知电位差。当工作电流 I 一定时，滑动触点 A 与 B 点之间电位差 U_{AB} 的大小，仅与触点 A 的位置有关，因而是一个大小可以调整的已知数值。检流计 G 接在 E_t 与 U_{AB} 之间的回路上，三者构成测量回路。只要 $U_{AB} \neq E_t$，检流计 G 两端就有电位差，其线圈中将有电流 I_0 通过，指针不指零位；调整滑动触点 A 的位置，改变 U_{AB} 的数值，当检流计 G 的指针指向零位时，这时，$I_0 = 0$，

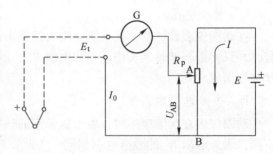

图 3-13　电位差计测量原理

$U_{AB} = E_t$，称电压平衡。电压平衡时，该滑动触点 A 在标尺上所指示的 U_{AB} 的数值，就是被测电势 E_t 的值。

手动改变触点进行电压平衡的电位差计称为手动电位差计。

B　自动平衡电桥

动圈表配热电阻测温，虽可以测量及指示温度，但不能记录。自动平衡电桥与热电阻配套使用，对被测温度进行指示及记录，且测量准确度高。

自动平衡电桥原理如图 3-14 所示。它由测量桥路、放大器、可逆电机、同步电机等主要部分组成。

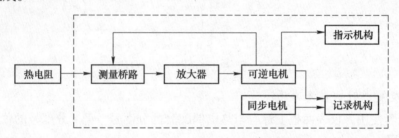

图 3-14　自动平衡电桥原理框图

自动平衡电桥与电位差计相比较，除感温元件及测量桥路外，其他组成部分几乎完全相同，甚至整个仪表外壳、内部结构以及大部分零件都是通用的，它们的产品一一对应。因此，在工业上通常把电子电位差计和自动平衡电桥统称为自动平衡仪表。

自动平衡电桥与电子电位差计的外形结构上十分相似，许多基本部件完全相同。但它们是不同用途的两种自动平衡仪表，其主要区别为：

（1）配用的感温元件不同。自动平衡电桥在测温时与热电阻相配用；电子电位差计则配接热电偶，它如与能输出直流电势信号且具有低输出阻抗的传感器相配合，也可用来测量其他参数。

（2）作用原理不同。

（3）感温元件与测量桥路的连接方式不同。自动平衡电桥的感温元件——热电阻，采用三导线接法接至仪表的接线端子上，它是电桥的一个臂；电子电位差计的感温元件热电偶，使用补偿导线接到测量桥路的测量对角线上，它并非测量桥路的桥臂。

（4）电子电位差计的测量桥路具有冷端温度自动补偿的功能，自动平衡电桥不存在这一问题。

3.1.3.3 数字式温度显示仪表

已经介绍了的动圈式仪表及自动平衡显示仪表，都是通过指针的直线位移或角位移来显示被测温度的，称为模拟式仪表。数字显示仪表则与模拟式仪表截然不同，它直接以数字的方式显示出被测值，具有测量精度高，显示速度快以及没有读数误差等优点。在需要时，还可输出数字量与数字计算机等装置联用，因而在现代测量技术中得到广泛应用。

配用热电偶的数字式温度表，能接受各种热电偶所给出的热电势，直接以四位或五位数字显示出相应的温度数值，同时能给出所示温度的机器编码信号，供给打印机打印记录或屏幕显示，还可以提供所示温度的 1mV/℃ 的模拟电压信号供温度调节器用；还配有 20mV，200mV 挡，可作数字式毫伏表使用；整机测量准确度可达 0.3%。

国产数字温度显示仪表由输入非线性补偿器及数字显示仪表两大部分组成，如图 3-15 所示。

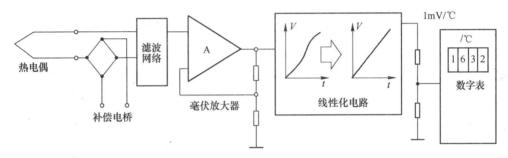

图 3-15　数字式温度显示仪表的基本组成

输入非线性补偿器包括冷端温度补偿电桥、滤波网络、毫伏放大器、线性化电路四部分。它与不同系列的热电偶配用，在输出端可得到 1mV/℃ 的模拟电压值，供数字表测量及显示。

（1）冷端温度补偿电桥。用以补偿热电偶冷端温度偏离 0℃ 时所引起的误差。

（2）滤波网络。热电势经导线及补偿电桥接入电路后，可能引入干扰，尤其是 50Hz 的工频干扰更为常见。在被测电势进入毫伏放大器前，需先经滤波网络进行滤波，对窜入热电势信号中的工频干扰电压加以有效地抑制。

（3）毫伏放大器。这个放大器是一个高灵敏度的调制型直流放大器，其分辨能力可达 $1\mu V$。S 型（铂铑$_{10}$-铂）热电偶，温度每升高 1℃ 能产生约 0.01mV（即 $10\mu V$）的电势。故放大器可具有温度 0.1℃ 的分辨能力。

（4）线性化电路。数字温度显示仪表实质上是一台数字电压表，它将线性化电路送来的信号进行模-数（A/D）转换，标度变换，计数译码等处理，以数字的形式直接显示被测温度的数值。

1）模-数转换（A/D）。所谓模-数转换（A/D），就是要把连续变化的模拟信号转换为非连续的数字信号。

2）标度变换。所谓标度变换，是指将数字仪表的显示值和被测量的物理量统一起来的环节，因为从放大器来的电压信号经模-数转换器后，变成了与之对应的数字量（一定的脉冲数）输出。标度变换可以在信号还是模拟量的时候进行，也可在被转换为数字信号后实现。

3）计数、译码和显示。与被测温度对应的热电势经输入非线性补偿器，模-数转换器及标度变换后，转变成了一定的计数脉冲。这些脉冲通常是以二进制的形式出现的，如果直接显示出来，不便于人们识别。计数、译码，显示等电路的功能，就是将这些二进制数记下来，并翻译成人们习惯的十进制数，并在显示器上显示出被测温度值。

3.2 　压力的测量

所谓压力从物理的概念上来说，是指单位面积上的垂直作用力，也称压强。在冶金生产过程中，某些熔炼炉和加热炉要求恰当地控制炉膛或烟道的压力，以获得良好的热工效果。许多冶金物理化学反应，对反应空间的压力有一定的要求，某些常压下不能发生的反应，在高压或一定的真空度下则可顺利进行。有些过程的压力检测（例如煤气管道的压力测量）是生产安全所必需的。此外，生产过程的一些其他参数（如流量、液位等）的检测，有时也转换为压力或差压的测量。可见，压力和真空度是生产过程中一种常见而又重要的检测参数。

在国际单位制（SI）和我国法定计量单位中，压力的单位是帕斯卡（Pascal），简称帕，符号 Pa，它表示每平方米的表面上垂直作用 1 牛顿的力（N/m^2）。工程上惯用的单位有工程大气压、标准大气压、毫米水柱（mmH_2O）及毫米汞柱（mmHg）等，这些单位与我国法定计量单位的换算关系是：

$$1 \text{ 工程大气压} = 1 kgf/cm^2 = 98066.5 Pa$$
$$1 \text{ 标准大气压} = 760 mmHg = 101325 Pa$$
$$1 \text{ 毫米汞柱} = 13.6 mmH_2O = 133.322 Pa$$
$$1 \text{ 毫米水柱} = 1 kgf/m^2 = 9.80665 Pa$$

压力的表示方法有表压力、绝对压力、负压力（真空度）。它们各自的概念及相互间的关系为：一个标准大气压比绝对零压（绝对真空）高 101325Pa。绝对压力是指用绝对零压作起点计算的压力。如果流体的压力比当地的大气压力（$p_大$）高，则高于大气压力的部分压力称为表压力（$p_表$），这时流体的绝对压力 $p_绝 = p_大 + p_表$，或者 $p_表 = p_绝 - p_大$；如果流体的压力低于当地的大气压力，则把低于大气压的部分称为负压力（$p_负$）。这时流体的绝对压力则为 $p_绝 = p_大 - p_负$，或者 $p_负 = p_大 - p_绝$。工业上所用的压力表指示值大多为表压力。

压力测量仪表，按敏感元件和工作原理的特性不同，一般分为 4 类：

（1）弹性式压力计。它是根据弹性元件受力变形的原理，将被测压力转换成位移来实现测量的，常用的弹性元件有：弹簧管、膜片和波纹管等。

（2）液柱式压力计。它是根据流体静力学原理，将被测压力转换成液柱高度来实现测量的，主要有 U 形管压力计、单管压力计、斜管微压计、补偿微压计和自动液柱压力计等。

（3）负荷式压力计。它是基于流体静力学平衡原理和帕斯卡定律进行压力测量的，典型仪表主要有活塞式、浮球式和钟罩式 3 大类。

（4）电气式压力计。它是利用敏感元件将被测压力转换成各种电量，如电阻、电感、电容、电位差等。该方法具有较好的动态响应，量程范围大，线性好，便于进行压力的自动控制。

3.2.1 弹性压力计

弹性压力计是利用弹性元件受压产生弹性变形，根据弹性元件变形量的大小，反映被测压力的仪表。

3.2.1.1 弹性元件

弹性元件是一种简单可靠的测压敏感元件。随测压范围不同，所用弹性元件也不一样。常用的几种弹性元件如图 3-16 所示。

（1）弹簧管。单圈弹簧管，如图 3-16（a）所示，是弯成圆弧形的金属管子，截面做成扁圆形或椭圆形。当通入压力 p 后，它的自由端就会产生位移，其位移量较小。为了增加自由端的位移量以提高灵敏度，可以采用多圈弹簧管，如图 3-16（b）所示。

（2）弹性膜片。它是由金属或非金属弹性材料做成的膜片，如图 3-16（c）所示，在压力作用下能产生变形；有时也可以由两块金属膜片沿周口对焊起来，成为一个薄盒子，称为膜盒，如图 3-16（d）所示。

（3）波纹管。它是一个周围为波纹状的薄壁金属筒体，如图 3-16（e）所示，这种弹性元件易于变形，且位移可以很大。

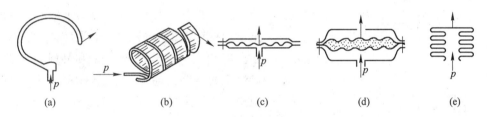

(a)　　　　　　(b)　　　　　　(c)　　　　　　(d)　　　　　　(e)

图 3-16　弹性元件示意图

(a) 单圈弹簧管；(b) 多圈弹簧管；(c) 弹性膜片；(d) 膜盒；(e) 波纹管

膜片、膜盒、波纹管多用于微压、低压或负压的测量；单圈弹簧管和多圈弹簧管可以作高、中、低压及负压的测量。

根据弹性元件的不同形式，弹性压力计相应的可分为各种类型测压仪表。

3.2.1.2 弹簧管压力表

按弹簧管形式不同，有多圈及单圈弹簧管压力表，多圈弹簧管压力表灵敏度高。单圈弹簧管压力表可用于高达 10^9 Pa 的高压测量，也可用于真空度测量，它是工业生产中应用最广泛的一种测压仪表，精度等级为 1.0 ~ 4.0 级，标准表可达 0.25 级。下面以单圈弹簧管压力表为例进行介绍。

弹簧管压力表的结构，如图 3-17 所示。弹簧管是压力-位移转换元件，当被测压力 p 由固定端通入弹簧管时，由于椭圆或扁圆截面在压力的作用

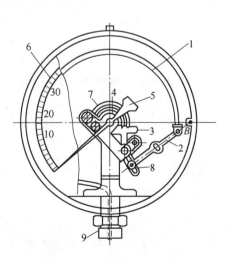

图 3-17　弹簧管压力表

1—弹簧管；2—拉杆；3—扇形齿轮；
4—中心齿轮；5—指针；6—面板；
7—游丝；8—调整螺钉；9—接头

下将趋向于圆形, 其自由端产生挺直变形, 此位移大小与被测压力 p 成比例。被测压力由接头 9 通入, 迫使弹簧管 1 的自由端向右上方扩张。这个弹性变形位移牵动拉杆 2, 带动扇形齿轮 3 做逆时针偏转, 指针 5 通过同轴中心齿轮 4 的带动做顺时针方向转动, 从而在面板 6 的刻度标尺上指示出被测压力 (表压力) 的数值。被测压力与弹簧管自身的变形所产生的应力相平衡。游丝 7 的作用是用来克服扇形齿轮和中心齿轮的传动间隙所引起的仪表变差。调整螺钉 8 可改变拉杆和扇形齿轮的连接位置, 即可改变传动机构的传动比, 以调整仪表的量程。

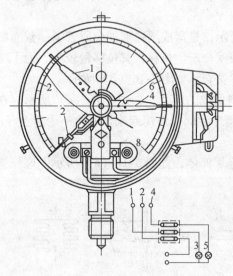

图 3-18　电接点压力表

1, 4—静触点; 2—动触点; 3—绿灯; 5—红灯

3.2.1.3　电接点压力表

在生产过程中, 常要求把压力控制在某一范围内, 即当压力高于或低于给定的范围时, 就会破坏工艺条件, 甚至会发生事故。利用电接点压力表, 就可简便地在压力超出规定范围时发出报警信号, 提醒操作人员注意或者通过中间继电器实现自动控制。

图 3-18 是电接点压力表的结构图。压力表指针上有动触点 2, 表盘上另有两个可调节的指针, 上面有静触点 1 和 4。压力上限给定值由上限给定指针上的静触点的位置确定, 当压力超出上限给定值时, 动触点 2 和静触点 4 接触, 红灯 5 的电路接通而发红光。压力下限值由下限给定指针上的静触点位置确定, 当压力低于下限规定值时, 动触点 2 与静触点 1 接触, 使绿灯 3 的电路接通而发出绿色信号。静触点 1, 4 的位置可根据需要灵活调节。

3.2.2　液柱式压力计

液柱式压力计是以流体静力学原理为基础的。它们一般采用水银、水、酒精作为工作液, 用 U 形管、单管等进行测量, 且要求工作液不能与被测介质起化学作用, 并应保证分界面具有清晰的分界线。该方法常用于低压、负压或压力差的测量, 具有结构简单、使用方便、准确度较高等优点。其缺点是量程受液柱高低的限制, 玻璃管易损坏, 只能就地指示, 不能进行远传。

3.2.2.1　U 形管压力计

A　工作原理

图 3-19 是用 U 形管测量压力的原理图。它的两个管口分别接压力 p_1 和 p_2, 当 $p_1 = p_2$ 时, 左右两管的液体高度相等; 当 $p_1 > p_2$ 时, U 形管两管内的液面便会产生高度差。根据流体静力学原理有:

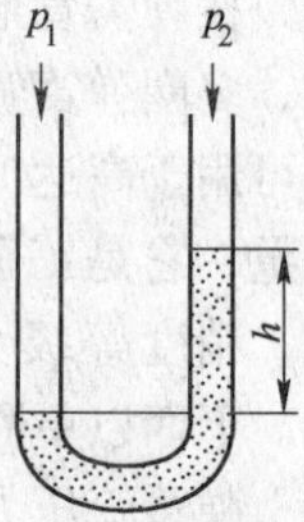

$$\Delta p = p_1 - p_2 = \rho g h \qquad (3-24)$$

式中　ρ——U 形管压力计工作液的密度, kg/m^3;

图 3-19　U 形管压力计

g——U 形管压力计所在地的重力加速度，m/s^2；

h——U 形管左右两管的液面高度差，m。

如果将 p_2 管通大气压，即 $p_2 = p_0$，则所测为表压。由此可见：

（1）U 形管压力计可以检测两个被测压力之间的差值（即差压）或检测某个表压。

（2）若提高 U 形管内工作液的密度 ρ，则可扩大仪表量程，但灵敏度降低，即在相同压力的作用下，h 值变小。

B　误差分析

用 U 形管压力计进行压力测量，其误差主要有：

（1）温度误差。这是指由于环境温度的变化，而引起刻度标尺长度和工作液密度的变化，一般前者可忽略，后者应进行适当修正。

（2）安装误差。安装时应保证 U 形管处于严格的铅垂位置，在无压力作用下两管液柱应处于标尺零位，否则将产生安装误差。

（3）重力加速度误差。由原理可知，重力加速度也是影响测量准确度的因素之一。当对压力测量要求较高时，应准确测出当地的重力加速度，使用地点改变时，应及时进行修正。

（4）传压介质误差。在实际使用时，一般传压介质是被测压力的介质。当传压介质为气体时，如果 U 形管两管连接的两个引压管的高度差相差较大，而气体的密度又较大时，必须考虑引压管内传压介质对工作液的压力作用；若温度变化较大，还需同时考虑传压介质的密度随温度变化的影响。当传压介质为液体时，除了要考虑上述各因素外，还要注意传压介质和工作液不能产生溶解和化学反应等。

（5）读数误差。读数误差主要是由于 U 形管内工作液的毛细作用而引起的。由于毛细现象，管内的液柱可产生附加升高或降低，其大小与工作液的种类、温度和 U 形管内径等因素有关。

3.2.2.2　单管压力计

单管压力计实质上仍是 U 形管压力计，只不过两个管子的直径相差很大，可将 U 形管压力计的两边读数改为一边读数，减小读数误差，其原理如图 3-20 所示。

在两边压力作用下，一边液面下降，另一边液面上升，下降液体的体积应等于上升液体的体积，即有：

$$A_0 h_0 = Ah \tag{3-25}$$

式中　A_0，A——左、右两边管的截面积，m^2；

　　　　h_0——左边管中液面下降高度，m；

　　　　h——右边管中液面上升高度，m。

根据流体静力学原理有：

$$p = p_0 + \rho g(h + h_0) \tag{3-26}$$

由上两式可得：

$$p = p_0 + \rho g h\left(1 + \frac{A}{A_0}\right) \tag{3-27}$$

一般 A_0 远大于 A，上式可简化为：

$$p = p_0 + \rho g h \qquad\qquad (3\text{-}28)$$

用 U 形管或单管压力计来测量微小的压力时，因为液柱高度变化很小，读数困难，为了提高灵敏度，减小读数误差，可将单管压力计的玻璃管制成斜管，以拉长液柱，如图3-21所示。

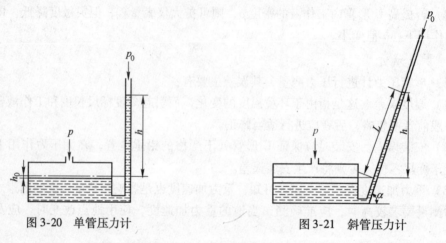

图 3-20　单管压力计　　　　　　　　　图 3-21　斜管压力计

斜管压力计是一种变形单管压力计，主要用来测量微小压力、负压和压力差。其公式为：

$$p = p_0 + \rho g L \sin\alpha \left(1 + \frac{A}{A_0}\right) \qquad\qquad (3\text{-}29)$$

式中　L——斜管内液柱的长度，m；

　　　α——斜管的倾斜角度。

由于 $L > h$，所以斜管压力计比单管压力计更灵敏，可以提高测量准确度。显然，α 越小，灵敏度越高，但不能太小，否则读数困难，反而增加读数误差。实验室一般要求 $\alpha \geqslant 15℃$。

3.2.2.3　多管式压力计

多管式压力计适用于同时测定很多点压力的场合。多管式压力计的原理与斜管式压力计相同。

仪器由一个装有工作液体的大容器和由许多玻璃测压管连通组成的读数盘构成。大气压力与大容器相同，被测压力分别通入测压管，各管中液柱下降的垂直高度分别代表所测各压力的表压。如果测量的压力较低，指示读数盘可像斜管式压力计那样处于不同的倾斜角度下。多管式压力计通常用的工作液是水和酒精。为了观察和摄影，可将液体染色。多管式压力计能将压力分布形象的展示出来，是流体力学实验中常用的仪器。

3.2.3　负荷式压力计

负荷式压力计应用范围广、结构简单、稳定可靠、准确度高、重复性好，可测正、负及绝对压力。负荷式压力计既是检验、标定压力表和压力传感器的标准仪器之一，又是一种标准压力发生器，在压力基准的传递系统中占有重要地位。

3.2.3.1 活塞式压力计

A 原理和结构

活塞式压力计是根据流体静力学平衡原理和帕斯卡定律，利用压力作用在活塞上的力与砝码的重力相平衡的原理设计而成的。由于在平衡被测压力的负荷时，采用标准砝码产生的重力，因此又被称为静重活塞式压力计。其结构如图 3-22 所示，主要由压力发生部分和测量部分组成。

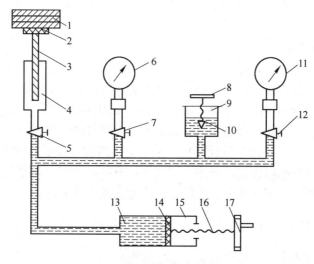

图 3-22 活塞式压力计示意图

1—砝码；2—砝码托盘；3—测量活塞；4—活塞筒；5，7，12—切断阀；
6—标准压力表；8—进油阀手轮；9—油杯；10—进油阀；11—被校压力表；
13—工作液；14—工作活塞；15—手摇泵；16—丝杆；17—加压手轮

（1）压力发生部分。压力发生部分主要指手摇泵，通过加压手轮旋转丝杆，推动工作活塞（手摇泵活塞）挤压工作液，将待测压力经工作液传给测量活塞。工作液一般采用洁净的变压器油或蓖麻油等。

（2）测量部分。测量活塞上端的砝码托盘上放有荷重砝码，活塞插入活塞筒内，下端承受手摇泵挤压工作液所产生的压力 p。当作用在活塞下端的油压与活塞、托盘及砝码的质量所产生的压力相平衡时，活塞就被托起并稳定在一定位置上，这时压力表的示值为：

$$p = \frac{(m_1 + m_2 + m_3)g}{A} \tag{3-30}$$

式中　　　p——被测压力，Pa；

m_1，m_2，m_3——活塞、托盘和砝码的质量，kg；

　　　　A——活塞承受压力的有效面积，m^2；

　　　　g——活塞式压力计使用地点的重力加速度，m/s^2。

B 使用注意事项

（1）使用前应检查各油路是否畅通，密封处应紧固，不得存在堵塞或漏油现象。

（2）活塞进入活塞筒中的部分应等于活塞全长的 2/3 ~ 3/4。

（3）活塞压力计的编号要和专用砝码编号一致，严禁多台压力计的专用砝码互换。在加减砝码时应避免活塞突升突降，正确的做法是在加减砝码之前应先关闭通往活塞的阀门，当确认所加减砝码无误后，再打开阀门。

（4）活塞和活塞筒之间配合间隙非常小，因而两者之间沿轴向黏滞的油液所产生的剪力将对精确测量有影响。为了减小这类静摩擦，测量时可轻轻地转动活塞。

（5）活塞应处于铅直位置，即活塞压力计底盘应利用其上的水泡，将其调成水平。

（6）当用作检定压力仪表的标准仪器时，压力计的综合误差应不大于被检定仪表基本误差绝对值的1/3。压力计量程使用的最佳范围应为测量上限的10%～100%，当低于10%时，应更换压力计。

3.2.3.2　浮球式压力计

浮球式压力计由于介质是压缩空气，故克服了活塞式压力计中因油的表面张力、黏度等产生的摩擦力，也没有漏油问题，相对于禁油类压力计和传感器的标定更为方便。

浮球式压力计通常由浮球、喷嘴、砝码支架、专用砝码（组）、流量调节器、气体过滤器、底座等组成，其工作原理是：从气源来的压缩空气经气体过滤器减压，再经流量调节器调节，达到所需流量（由流量计读出）后，进入内腔为锥形的喷嘴，并喷向浮球，气体向上的压力使浮球在喷嘴内飘浮起来。浮球上挂有砝码（组）和砝码架。当浮球所受的向下的重力和向上的浮力相平衡时，就输出一个稳定而准确的压力p。

3.2.4　电气式压力计

电气式压力计主要有以下几种：

（1）压电式压力传感器。压电效应原理为：压电材料受压时会在其表面产生电荷，其电荷量与所受的压力成正比。压电材料有单晶体和多晶体。其特点为：结构简单、紧凑，小巧轻便，工作可靠，线性度好，频率响应高，量程范围广。

（2）应变式压力传感器。应变片是基于应变效应工作的一种压力敏感元件，当应变片受外力作用产生形变时，应变片的电阻值也将发生相应变化。应变式压力传感器是由弹性元件、应变片以及相应的桥路组成的，利用弹性敏感元件和应变计将被测压力转换为相应电阻值变化的压力传感器。其优点为：应变片的体积小，商品化的应变片有多种规格可供选择，可以灵活设计弹性敏感元件的形式以适应各种应用场合，用应变片制造的应变式压力传感器有广泛的应用。其缺点为：输出信号小、线性范围窄，动态响应较差。

（3）压阻式压力传感器。压阻元件是基于压阻效应工作的一种压力敏感元件，是指在半导体材料的基片上用集成电路工艺制成的扩散电阻，当它受外力作用时其阻值由于电阻率的变化而改变。其优点为：体积小，结构简单，能直接反映微小的压力变化，动态响应好。其缺点为：敏感元件易受温度的影响，从而影响压阻系数的大小。

3.3　流速的测量

在低速流场中，根据伯努利方程，如果测出来某点的流体总压p_0和静压p，则可求出该点的流速为$u = \sqrt{\dfrac{2}{\rho}(p_0 - p)}$，根据这个原理，可以采用以下三种方法来测量速度：

（1）利用壁面静压孔测量平均静压，采用总压探针测量流体总压。在均匀的低速流场中，静压在垂直于流速的截面保持不变时，可利用这个方法测量管道横截面上任意一点速度。

（2）利用总压探针和静压探针分别测量总压和静压。

（3）利用专门设计的速度探针，同时测量总压和静压，或两者之差。

3.3.1 毕托管

由流体力学可知，在一个均匀的流场里，放置一个固定不动的障碍物，紧靠物体的前端流体被阻滞，并分为两股绕过此物体。在阻滞区域的中心形成"驻点"，在驻点处流动完全停止，流速等于零，动能全部转化为压能，静压力上升为滞止压力（总压）。图 3-23 为驻点工作原理示意图，图中以一根弯成直角的两端开口的细管代替障碍物，则在点 A 处形成"驻点"。

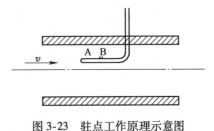

图 3-23　驻点工作原理示意图

对不可压缩流体，驻点所在的一条流线 AB 的伯努利方程为：

$$\frac{p_0}{\rho} + 0 = \frac{p}{\rho} + \frac{v^2}{2} \tag{3-31}$$

式中　p_0——驻点 A 处流体的静压力，Pa；

　　　ρ——不可压缩流体的密度，kg/m³；

　　　p——B 点的静压力，Pa；

　　　v——B 点的流速，m/s。

用 B 点的静压力和流速来近似代替来流的静压力和流速，则根据式（3-31），即可求得来流的流速为：

$$v = \sqrt{\frac{2(p_0 - p)}{\rho}} = \sqrt{\frac{2}{\rho}\Delta p} \tag{3-32}$$

式（3-32）表明的只是理想情况，实际应用中，由于被测流体黏性、总压孔和静压孔的位置不一致、流体停止过程中造成的能量损失、毕托管对流体运动的干扰以及弯管加工准确度的影响，必须引入毕托管系数对实际流速进行修正，修正后的流速公式为：

$$v = \alpha\sqrt{\frac{2}{\rho}\Delta p} \tag{3-33}$$

式中，α 为毕托管系数，其值由实验确定，一般取 $\alpha = 0.98$。如果毕托管外形尺寸很小，且弯管头端加工特别精细，又近似于流线型，在驻点处以后不产生流体漩涡，则修正系数 α 近似等于 1。

对于可压缩流体，考虑到压缩性的影响，实际流速计算公式为：

$$v = \alpha(1 - \varepsilon)\sqrt{\frac{2}{\rho}\Delta p} \tag{3-34}$$

式中，$1 - \varepsilon$ 为流体可压缩性修正系数，对于不可压缩流 $\varepsilon = 0$。

如图 3-24 所示，毕托管是一根弯成直角的双层空心复合管，带有多个取压孔，能同时测量流体总压和静压力，在毕托管头部迎流方向开有一个小孔 A，称为总压孔，在该处形成"驻点"，在距头部一定距离处开有垂直于流体流向的静压孔 B，各静压孔所测静压在均压室均压后输出。由于流体的总压和静压之差与被测流体的流速有确定的数值关系，因此可以用毕托管测得流体流速。

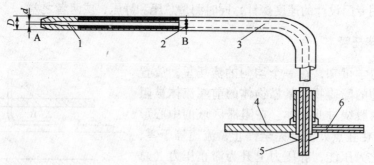

图 3-24 毕托管

1—总压孔；2—静压孔；3—双层空心复合管；4—对准柄；
5—总压导出管；6—静压导出管

使用毕托管时，需将其牢固固定，测头轴线应与管道轴线平行，被测流体的流动应尽可能保持稳定，否则将带来测量误差。在管路中选择插入毕托管的横截面位置，应保证其有足够长的上下游直管段。

需要说明的是，用毕托管测量气体流速时，若气体流速小于 50m/s，则管道内气流的收缩性可以忽略不计；若管道内气流速度大于 50m/s，则要考虑气流的压缩性，应按可压缩流体流动的规律加以修正。测量低速气流时产生的差压很小，需要选用很精确的微压计。

3.3.2 激光多普勒测速仪

1905 年爱因斯坦指出：光波和声波一样，存在着多普勒效应。即当光源发生的光照射到向着光源运动的物体上，该物体所接收到的光将比光源本来的频率为高。当物体散射光线时，由于物体发射出去的散射光的频率与它所接收到的光的频率是相同的。因此只要物体会散射光线，然后测出散射光对参考光源之间的频移，就可以利用多普勒效应来测量物体的速度。

3.4 流量的测量

流量是指单位时间内流过管道横截面的流体数量，也称瞬时流量。流量可用体积流量 Q 表示，它是管道某处的横截面积 F 与该处流体的平均流速 v 的乘积，即 $Q = Fv$，单位有 m^3/h、m^3/s 等；也可用质量流量表示，它是体积流量乘以流体的密度 ρ 而得，即 $M = Q\rho$，单位有 kg/h、kg/s 等。

在某一段时间内流过管道横截面的流体的总和称为总量或累积流量。它是瞬时流量对时间的积累。体积流量总量 $Q_{总} = \int_{t_1}^{t_2} Q \mathrm{d}t$，单位为 m^3。质量流量的总量 $M_{总} = \int_{t_1}^{t_2} M \mathrm{d}t$，单位为 kg 等。习惯把测量瞬时流量的仪表称为流量计。

3.4.1　流量计分类

流体流动的动力学参数，如流速、动量等都直接与流量有关，因此这些参数造成的各种物理效应，均可作为流量测量的物理基础。目前，已投入使用的流量计种类繁多，其测量原理、结构特性、适用范围以及使用方法等各不相同，所以其分类可以按不同原则划分，至今并未有统一的分类方法。

（1）按测量方法分。流量测量仪表按测量方法一般可分为容积法、速度法（流速法）和质量流量法 3 种。

1）容积法。容积法是指用一个具有标准容积的容器连续不断地对被测流体进行度量，并以单位（或一段）时间内度量的标准容积数来计算流量的方法。这种测量方法受流动状态影响较小，因而适用于测量高黏度、低雷诺数的流体，但不宜测量高温高压以及脏污介质的流量，其流量测量上限较小，典型仪表有椭圆齿轮流量计、腰轮流量计、刮板流量计等。

2）速度法。速度法是指根据管道截面上的平均流速来计算流量的方法。与流速有关的各种物理现象都可用来度量流量。如果再测得被测流体的密度，便可得到质量流量。

在速度法流量计中，节流式流量计历史悠久，技术最为成熟，是目前工业生产和科学实验中应用最广泛的一种流量计。此外属于速度法测量的流量计还有转子流量计、涡轮流量计、电磁流量计、超声波流量计等。

由于这种方法是利用平均流速来计算流量的，所以受管路条件的影响很大，但是这种测量方法有较宽的使用条件，可用于高温、高压流体的测量。

3）质量流量法。无论是容积法，还是速度法，都必须给出流体的密度才能得到质量流量。而流体的密度受流体状态参数（温度、压力）的影响，这就不可避免地给质量流量的测量带来误差。解决这个问题的一种方法是同时测量流体的体积流量和密度或根据测量得到的流体压力、温度等状态参数对流体密度的变化进行补偿。但更理想的方法是直接测量流体的质量流量，这种方法的物理基础是测量与流体质量流量有关的物理量，从而直接得到质量流量。这种方法与流体的成分和参数无关，具有明显的优越感。

（2）按测量目的分。流量测量仪表按测量目的可分为瞬时流量计和累计式流量计。累计式流量计又称计量表、总量表。随着流量测量仪表及测量技术的发展，大多数流量计都同时具备测量流体瞬时流量和计算流体总量的功能。

（3）其他分类。按测量对象，流量测量仪表可分为封闭管道流量计和明渠流量计两类；按输出信号，流量计可分为脉冲频率信号输出和模拟电流（电压）信号输出两类；按测量单位，流量计可分为质量流量计和体积流量计。

3.4.2　节流式流量计

节流式流量计又称差压式流量计，它是在流体流经的管道中加节流装置，当流体流过时，通过测节流装置两端的差压反映流量的流量计。差压式流量计是由节流装置、导压管及差压检测仪表组成的。节流装置结构简单、安装使用方便、且一部分已标准化，是目前使用最多的一种流量计，常用于对水、空气、氧气、煤气等流体流量的测量。

3.4.2.1　节流装置的类型及特点

实验中常用的三种典型节流装置是孔板、喷嘴、文丘里管，其结构如图 3-25 所示。通过三种节流装置时流体的流动状况，如图 3-26 所示。

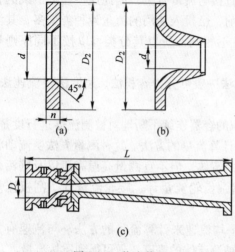

图 3-25　节流装置

（a）标准孔板；（b）标准喷嘴；（c）标准文丘里管

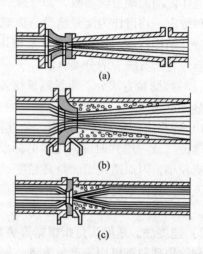

图 3-26　流体流束变化情况

（a）文丘里管；（b）喷嘴；（c）孔板

由图 3-26 可以看出，孔板的流入截面是突然变小的，而流出截面是突然扩张的，流体的流动速度在孔板前后发生了很大的变化，从而形成了大量的涡流，阻碍了流体的流动，造成了很大的能量损失，所以流体流过孔板后的压力损失是较大的，但孔板的结构简单，制造方便，故得到了广泛的应用。喷嘴的流入截面是逐渐变化的，所以它的流速也是逐渐变化的，这样形成的涡流就少，但喷嘴的流出面积是突然变化的，流出后的流束突然扩张，造成大量涡流，阻碍流体的流动，故流体流过喷嘴的压力损失居中。文丘里管由于表面形状和流体流线形状相似，流体流过文丘里管前后的流动速度是逐渐变化的，不会在文丘里管前后产生很多的涡流，所以流体流过文丘里管前后的压力损失比较小，但文丘里管的结构复杂，制造不方便。

3.4.2.2　节流原理和流量方程式

图 3-27 为水平管道中安装节流装置——孔板，当流体连续流过节流孔板时，流束的截面将产生收缩，在截面收缩处流体的流速增加，动能增大而静压减小。在节流孔板前后由于压头转换将产生压差。

在靠近孔板管壁处，由于涡流作用，静压是增大的。

设孔板前侧面管壁处静压为 p_1，后侧面管壁处静压为 p_2，则在节流孔板前后两侧管壁处形成差压 Δp，且 $\Delta p = p_1 - p_2$。

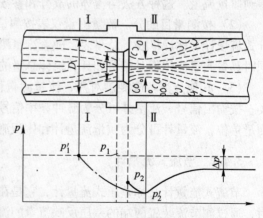

图 3-27　节流装置原理

由伯努利方程和流体连续方程，可得到流过流体的基本流量方程式：

$$Q = \alpha\varepsilon A_{d}\sqrt{\frac{2\Delta p}{\rho}} \tag{3-35}$$

式中　α——流量系数；

　　　ε——流束膨胀系数；

　　　A_{d}——孔板直径 d 处的开孔面积，m^{2}；

　　　ρ——流体密度，kg/m^{3}；

　　　Δp——孔板前后的压差，Pa。

由此可知，当 α、ε、ρ、d 为一定时，流量 Q 与压差 Δp 的平方根成正比。测出 Δp 可反映流量 Q，这便是节流装置测量流量的基本原理。

3.4.2.3　标准节流装置孔板

A　孔板的结构

标准孔板是一块圆形的中间开孔的金属薄板，开孔边缘非常尖锐，而且与管道轴线是同心的。用于不同管道内径的标准孔板，其结构形式基本是几何相似的，如图3-28所示。标准孔板是旋转对称的，上游侧孔板端面上的任意两点间连线应垂直于轴线。孔板的开孔，在流束进入的一面做成圆柱形，而在流束排出的一面则沿着圆锥形扩散，锥面的斜角为 φ，当孔板的厚度 $E > 0.02D$（D 为管道内径）时，φ 应在 $30° \sim 45°$ 之间（通常做成 $45°$ 的为多）。孔板的厚度 E 一般要求在 $3 \sim 10mm$ 范围之内。孔板的机械加工精度要求比较高。

B　孔板取压方式

标准孔板有两种取压方式，即角接取压法和法兰取压法。取压方式不同的标准孔板，其取压装置的结构、孔板的使用范围、流量系数的实验数据以及有关技术要求均有所不同，选用时应予注意。

a　角接取压装置

角接取压装置有两种结构形式，如图3-29所示。下半部为单独钻孔取压，上半部为环室取压，孔板上、下游的压力在孔板与管壁的夹角处引出。

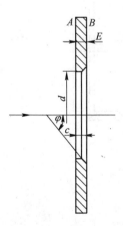

图3-28　标准孔板

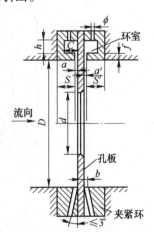

图3-29　角接取压装置

单独钻孔取压，在前、后夹紧环上钻孔取压，钻孔斜度≤3°，如图3-29引出 p_{1}、p_{2}。取压孔直径 b 的实际尺寸应为 $1mm \leqslant b \leqslant 10mm$。对于直径较大的管道，为了取得均匀的压力，允许在孔板上、下游侧规定的位置上设有几个单独钻孔的取压孔，钻孔按等角距对称配置，并分别连通起来作为孔板上、下游的取压管。

环室取压是在节流体两侧安装前后环室，并由法兰将环室、节流体和垫片紧固在一起。为取得管道圆周均匀的压力，环室取压在紧靠节流体端面开一连续环隙与管道相通。环隙宽度 α 在 $1 \sim 10mm$。前环室的长度 $S < 0.2D$；后环室的长度 $S' < 0.5D$。环室的厚度 $f \leqslant 2\alpha$。环室的横截面积 $h \times C$ 至少为 $50mm^2$，h 或 C 不应小于 $6mm$。连通管直径 ϕ 为 $4 \sim 10mm$。在环室上钻孔取压的优点是便于测出平均差压而有利于提高测量准确度。但是加工制造和安装要求严格。所以，在现场使用时为了加工和安装方便，有时不用环室而用单独钻孔取压。对于大口径管道（$D \geqslant 400mm$）通常只采用单独钻孔取压。

b　法兰取压装置

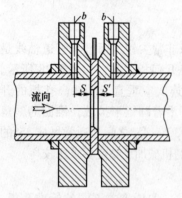

图 3-30　法兰取压装置

标准孔板的上、下游两侧均以法兰连接，在法兰中取压，如图 3-30 所示。取压孔的轴线离孔板上、下游端面的距离 S 和 S' 均为 $(25.4 \pm 0.8)mm$，并必须垂直于管道的轴线。孔径 $b \leqslant 0.08D$，实际尺寸为 $6 \sim 12mm$。

3.4.2.4　标准节流装置喷嘴

标准喷嘴的形状如图 3-31 所示，由 c_1 和 c_2 两个圆弧形曲面构成的入口收缩部分和圆筒形喉部 e 所组成。用于不同管道内径的标准喷嘴，其结构形式是几何相似的。标准喷嘴仅采用角接取压法。

标准喷嘴的适用范围为：管径 D 为 $50 \sim 500mm$，直径比 β 为 $0.32 \sim 0.80$，雷诺数 Re_D 为 $2 \times 10^4 \sim 2 \times 10^6$。

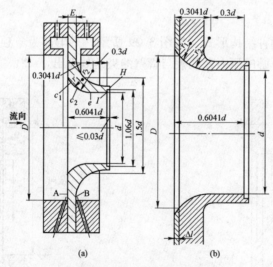

图 3-31　标准喷嘴

(a) $\beta \leqslant \dfrac{2}{3}D$；(b) $\beta > \dfrac{2}{3}D$

3.4.2.5　标准节流装置文丘里管

文丘里管是轴向截面由入口收缩部分、圆筒形喉部和圆锥形扩散段所组成的节流件。

按收缩段的形状不同，又分为经典文丘里管和文丘里喷嘴。

（1）经典文丘里管。经典文丘里管由入口圆筒段 A、圆锥形收缩段 B、圆筒形喉部 C 和圆锥形扩散段 E 所组成。按圆锥形收缩段内表面加工的方法和圆锥形收缩段与喉部圆筒相交的型线的不同，又分为粗糙收缩段式、精加工收缩段式和粗焊铁板收缩段式。经典文丘里管的几何结构如图 3-32 所示。

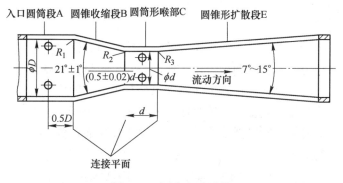

图 3-32 经典文丘里管

（2）文丘里喷嘴。文丘里喷嘴结构如图 3-33 所示。它由弧形收缩段、圆筒形喉部和扩散段组成。

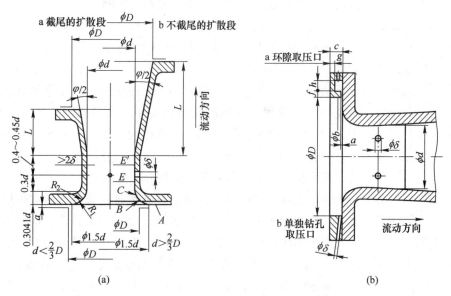

图 3-33 文丘里喷嘴

（a）文丘里喷嘴；（b）配置夹持环的文丘里喷嘴

3.4.3 毕托管流量计

利用毕托管测出某处管道内流体的流速，再利用此流速计算出该管道内的流量，就是毕托管流量计测量原理。

必须指出，毕托管测得的流速，是它所在那一点的流速，而不是平均流速，若该点流速恰为管道截面上的平均流速，则可求出流量。因此利用它来测量管道中流体的流量时必须按具体情况确定测点的位置。理论和实践均证明，在圆管内做层流流动的流体，距管中心 $0.707R$（R 为圆管的半径）处的流速，等于截面上的平均流速；如果圆管内是湍流流动，且是达到充分发展的湍流时，在直管段大于 50 倍管径的情况下，根据实验，距管中心 $0.762R$ 处的流速近似为平均流速。

3.4.4　浮子流量计

在被测流体流经的管道中置入一个相应的阻力体，随着流量的变化，阻力体的位置改变，因此可以根据阻力体位置来测量流量，这就是浮子流量计的测量原理。

浮子流量计又名转子流量计，其工作原理也是基于节流效应。与节流差压式流量计不同的是，浮子流量计在测量过程中，始终保持节流元件（浮子）前后的压降不变，而通过改变节流面积来反映流量，所以浮子流量计也称恒压降变面积流量计。

3.4.4.1　结构原理

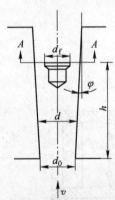

图 3-34　浮子流量计
工作原理图

浮子流量计主要由一个向上扩张的锥形管和一个置于锥形管中可以上下自由移动、密度比被测流体稍大的浮子组成，如图 3-34 所示。浮子在锥形管中形成一个环形流通截面，它比浮子上、下面处的锥形管流通面积小，对流过的流体产生节流作用。流量计两端用法兰连接或螺纹连接的方式垂直地安装在测量管路上。

当被测流体自下而上流经锥形管时，由于节流作用，在浮子上、下面处产生差压，进而形成作用于浮子的上升力，使浮子向上运动。此外，作用在浮子上的力还有重力、流体对浮子的浮力、流体流动时对浮子的黏性摩擦力。当上述这些力相互平衡时浮子就停留在一定的位置。如果流量增加，环形流通截面中的平均流速加大，浮子上下面的静压差增加，浮子向上浮起。此时，浮子与锥形管之间的环形流通面积增大、流速降低，静压差减小，浮子重新平衡，其平衡位置的高度就代表被测介质的流量。

为了使浮子在锥形管中移动时不致碰到管壁，通常采用两种方法。一是在浮子上部圆盘形边缘上开出一条条斜槽，这样当流体自下而上地沿锥形管绕过浮子流动时，作用在斜槽上的力使浮子绕流束中心旋转，而不碰到管壁，由于这种形式的浮子工作时始终是旋转的，故得名"转子"流量计。二是在浮子上不开沟槽，而是在浮子中心加一导向杆，在基座上加导向环，或使用具有导向功能的玻璃锥形管，使浮子只能在锥形管中心线上下运动，保持浮子工作稳定。这种流量计在工作时浮子并不旋转，但习惯上还称转子流量计。

3.4.4.2　浮子流量计的种类

浮子流量计按锥形管材料的不同，可分为玻璃管浮子流量计和金属管浮子流量计两大类。

金属管浮子流量计又可分为就地指示型和远传型两类，远传型又可分为电远传和气远传两类。

（1）玻璃管浮子流量计。对于一定的流量计和一定的流体，被测流体的体积流量与浮子高度之间存在一一对应的近似线性关系。将这种对应关系直接刻度在流量计锥形管的外壁上，根据浮子的高度直接读出流量值，这就是玻璃管浮子流量计。主要由玻璃锥形管、浮子和支撑结构组成。浮子根据不同的测量范围及不同介质（气或液体）可分别采用不同材料制成不同形状，流量示值刻在锥形管上，由转子位置高度直接读出流量值。玻璃管浮子流量计结构简单，浮子的位置清晰可见，刻度直观，成本低廉，使用方便，一般只用于常温、常压（最大不超过1MPa）下透明介质的流量测量。这种流量计只能就地指示，不能远传流量信号。

（2）金属管浮子流量计。金属管浮子流量计由于采用金属锥管，工作时无法直接看到浮子的位置和工作情况，需要用间接的方法给出浮子的位置。在金属管浮子流量计中，如果采用一般机械传动方式必然存在密封问题，这将限制浮子的灵活移动，故一般采用磁耦合方式将浮子位移传递出来。

3.4.5　涡轮流量计

涡轮流量计是一种典型的速度式流量计。其测量准确度很高，可与容积式流量计并列，此外还具有反应快以及耐压高等特点。

涡轮流量计一般由涡轮变送器和显示仪表组成，也可做成一体式涡轮流量计，变送器的结构如图3-35所示，主要包括壳体、导流器、轴和轴承组件、涡轮和磁电转换器。

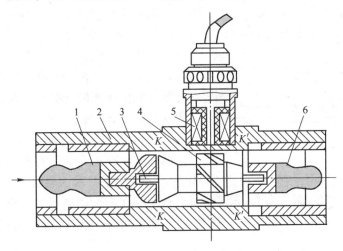

图3-35　涡轮变送器结构
1—前导流器；2—壳体支承；3—轴和轴承组件；
4—涡轮；5—磁电转换器；6—后导流器

（1）涡轮。涡轮是流量计的核心测量元件，其作用是把流体的动能转换成机械能。涡轮由摩擦力很小的轴和轴承组件支承，与壳体同轴，其叶片数视口径大小而定，通常为2~8片，叶片有直板叶片、螺旋叶片和丁字形叶片等几种。涡轮几何形状及尺寸对传感器性能有较大影响，因此要根据流体性质、流量范围、使用要求等进行设计。

（2）导流器。导流器由导向片及导向座组成，作用有两点：

1）用以导直被测流体，以免因流体的漩涡而改变流体与涡轮叶片的作用角，从而保证流量计的准确度。

2）在导流器上装有轴承，用以支承涡轮。

（3）轴和轴承组件。变送器失效通常是由轴和轴承组件引起的，因此它决定着传感器的可靠性和使用寿命，其结构设计、材料选用以及定期维护至关重要。在设计时应考虑轴向推力的平衡，流体作用于涡轮上的力使涡轮转动，同时也给涡轮一个轴向推力，使轴承的摩擦转矩增大。为了抵消这个轴向推力，在结构上采取各种轴向推力平衡措施，主要有：

1）采用反推力方法实现轴向推力自动补偿。从涡轮轴体的几何形状可以看出，当流体流过 $K—K$ 截面积时，流速变大而静压力下降，以后随着流通面积的逐渐扩大而静压力逐渐上升，因而在收缩截面 $K—K$ 和 $K'—K'$ 之间就形成了不等静压场，并对涡轮产生相应的作用力。由于该作用力沿涡轮轴向的分力，与流体的轴向推力反向，可以抵消流体的轴向推力，减小轴承的轴向负荷，进而提高变送器的寿命和准确度。

2）采取中心轴打孔的方式，通过流体实现轴向力自动补偿。

另外，减小轴承磨损是提高测量准确度、延长仪表寿命的重要环节。

3.4.6　涡街流量计

涡街流量计是 20 世纪 70 年代发展起来的依据流体自然振荡原理工作的流量计，具有准确度高、量程比大、流体的压力损失小、对流体性质不敏感等优点。

1875 年斯特拉哈尔（strouhal）用实验方法测量出流体振动周期与流速的关系，1912 年德国流体力学家冯·卡曼（Von Karman）找到了这种漩涡稳定的定量关系。在管道中垂直于流体流向放置一个非线性柱体（漩涡发生体），当流体流量增大到一定程度以后，流体在漩涡发生体两侧交替产生两列规则排列的漩涡，如图 3-36 所示。两列漩涡的旋转方向相反，且从发生体上分离出来，平行但不对称，这两列漩涡被称为卡门涡街，简称为涡街。由

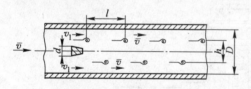

图 3-36　卡门涡街形成原理

于漩涡之间的相互作用，它们一般是不稳定的。若两列平行漩涡相距为 h，同一列里先后出现的两个漩涡的间隔距离为 l，当满足 $sh(\pi h/l)=1$ 时，则漩涡的形成是稳定的，即涡列稳定，其中 sh 为双曲函数。从上述稳定判据中可进一步计算出涡列稳定的条件为 $h/l=0.281$。

3.4.7　质量流量计

质量流量计可分为两大类：直接式质量流量计和间接式质量流量计。

（1）直接式质量流量计。直接式质量流量计是指流量计的输出信号能直接反映被测流体质量流量的仪表，它在原理上与介质所处的状态参数（温度、压力）和物件参数（黏度、密度）等无关，具有高准确度、高重复性和高稳定性的特点。

直接式质量流量计按测量原理大致可分为：

1）与能量的传递、转换有关的质量流量计，如热式质量流量计和差压式质量流量计。

2）与力和加速度有关的质量流量计，如科里奥利式质量流量计。

（2）间接式质量流量计。间接式质量流量计可分成两类：一类是组合式质量流量计，也可以称推导式质量流量计；另一类是补偿式质量流量计。

组合式质量流量计是在分别测量两个参数的基础上，通过计算得到被测流体的质量流量。它通常分为两种：用一个体积流量计和一个密度计实现的组合测量；采用两个不同类型流量计实现的组合测量。

补偿式质量流量计同时检测被测流体的体积流量和其湿度、压力值，再根据介质密度与温度、压力的关系，间接地确定质量流量。其实质是对被测流体做温度和压力的修正。如果被测流体的成分发生变化，这种方法就不能确定质量流量。

3.5 功率的测量

在各种传热基本实验中，电加热因为操作方便、设备简单且加热功率可以精确测定等优点，使用非常普遍。

最简单的测量方法是直接用功率表来测量加热器的电功率。但是在实验中为了达到较高的测量精度，常使用伏安法测定，即分别测量通过加热器的电流和加热器两端的电压，然后由公式 $P = UI$ 来计算出电功率。

4 误差分析与数据处理

误差分析与数据处理是科学实验的重要组成部分，它们不仅是实验研究工作必要的一个环节，而且对实验内容和实验方法，也起着一定的指导作用。本章主要介绍误差分析和数据处理的基本概念、基本方法及其在热工实验中的应用。

4.1 误差分析概述

4.1.1 误差分析的目的

在每一个热工实验中，都要对所研究过程的某些参数进行测量。由于测量方法、测量仪器、实验条件、观测者的习惯与熟练程度等主、客观因素的影响使得测量结果总不能与该情况下的实际真值完全符合，测量值总在一定程度上偏离实际值，即存在误差。进行误差分析的目的在于：

（1）科学地计算实验数据与其真值之间的偏离值——误差，评价测试结果的可靠性。缺乏对误差定量分析的实验数据是没有实用价值的。

（2）通过测试数据的误差分析，可合理地确定对各参数测量精度的要求，因为过高地提高测量精度会导致对实验仪器、设备、材料的要求过高。另一方面，忽视了对某些参数测量精度的要求，会使实验结果的可靠性大大降低。如在传热传质实验中，当通过测量热流量 Q、温差 Δt 及换热面积 A 确定换热系数 α 时，应当根据 α 的精度要求，通过误差分析对 Q、A、Δt 测量精度做适当的匹配。如果热流量 Q 的测量精度不高，即使其中某一项，如温度的测量精度再高，也不会得到准确的 α 值。

（3）通过误差分析，可了解误差的种类、性质及其来源，进而对影响实验准确性的关键环节进行控制与改进，并能启发人们选择合理的实验方法及最有利的实验条件。此外，通过误差分析，还可掌握误差的定量计算方法和确定实验结果可靠程度的方法。

4.1.2 误差的数值表示方法

在测量过程中，由于受到环境、设备，测量方法和测量人员等因素的影响，测量结果必然会存在着误差。研究误差的目的就是为了正确处理误差，尽可能减小误差，促成测量结果的准确性。测量结果如果不能给出不确定度的估计，则往往会使测量变得毫无意义。按误差数值表示方法的不同，可以把测量误差分成绝对误差和相对误差两类。

（1）绝对误差。绝对误差 x 的定义为：

$$x = 测量值(M) - 真值(\mu)$$

式中，真值是指在一定条件下某物理量所体现的真实数。这个真实数是利用无误差的量具或测量仪器而得到的。一般真实数是无法求得的，因而只有理论上的意义。常用高一级标准仪表的测量值（示值）作为实际值以代替真值，此时测量值与实际值之差称为示值误差。

（2）相对误差。衡量某一被测值的准确程度常用相对误差 δ 来表示。它定义为绝对误差与被测量值的实际值之比。即

$$\delta = \frac{绝对误差}{实际值} \times 100\%$$

通常以测量值代替实际值，所得到的相对误差又称为示值相对误差，即

$$\delta = \frac{绝对误差}{测量值} \times 100\%$$

4.1.3　误差的性质及其分类

误差按其性质及特点，可以分为三类。

4.1.3.1　疏忽误差（过失误差）

疏忽误差是指那些在一定条件下，测量结果显著地偏离其实际值时所对应的误差。这种误差通常是由于测量错误、计算错误或测量者疏忽大意的结果，是完全出于测量者人为的过失而造成的，可通过人的主观努力去克服。从性质上讲，疏忽误差可能是随机的，也可能是系统误差。在一定的测量条件下其误差绝对值特别大，明显歪曲了测量结果。这类测量数据称为反常值或坏值，应从数据中剔除。但应注意不要轻易地舍弃被怀疑的实验数据。坏值的舍弃标准可以简单地按下列办法决定：

对于某一物理量的一组实验测量值，除去可疑值后，将其余数值加以平均，如果可疑值与平均值相差大于 $4D$，则舍去此测量值。D 是算术平均误差，其定义为：

$$D = \frac{\sum |测量值 - 平均值|}{测量次数}$$

4.1.3.2　系统误差

系统误差是指在一定条件下误差的数值保持恒定或按某种已知的函数规律变化的误差。前者称恒差，后者称变差。系统误差表明一个测量结果偏离真值或实际值的程度，因此有时又称系统偏差。造成系统误差的原因有：

（1）仪器误差。仪器不完善因素引起的误差，如仪器的零点不准或刻度不均匀、不准等因素，所造成的读数有固定偏向的偏大或偏小等。这种系统误差可以通过校正来消除。

（2）测量方法不完善造成的误差。如用热电偶直接焊在固体表面测量壁温时，由于导热损失将造成所测温度偏低或偏高。

（3）环境条件影响造成的误差。如强电磁场的存在将对数字显示仪表产生影响，大气温度、压力的变化将对实验数据产生影响等。

（4）测试者个人主观因素造成的误差。如因视觉缺陷或测读习惯不同，有人读数偏高，有人读数偏低等。

（5）实验装置造成的误差。如换热器保温不好而加大了散热损失，材料表面氧化、结垢而形成的附加热阻等，均可造成误差。

（6）实验原理和方法的近似性引起的误差。如导热实验中，近似认为导热系数、比热容不随温度而变所引起的误差；非稳态导热中，电热源热容被忽略而产生的误差等。

系统误差是在实验中应尽力避免的，一旦存在，则不能用增加测量次数的方法进行消除，而是要分析、查明其产生的原因，根据其变化规律对实验结果进行修正。

4.1.3.3 随机误差

随机误差又称偶然误差，是指在相同条件下，多次测量同一量值时所得测量结果或大或小，误差的绝对值和符号随机地发生变化，因此这种误差具有随机变量的一切特点，在一定条件下服从统计规律。随机误差的产生取决于测量进行中一系列随机性因素的影响，它们是测量者无法控制的。通常随机误差服从正态分布律，可以通过数理统计的方法加以处理。为了使测量结果仅反映随机误差的影响，测量过程中应尽可能保持各影响量以及测量方法、仪器、人员的不变性，即保持"等精度测量"的条件。随机误差表现了测量结果的分散性。随机误差越大，测量精度越差。

测量误差分析主要是对系统误差与随机误差进行分析。这两种误差的性质不同，处理方法也不同。

应当指出，这两种误差之间也有相互联系。系统误差有时也呈现出随机性，例如，在使用热电偶测量固体表面的温度时，由于系统中某一脉动电磁场的影响，数字电压表的读数可偏低或偏高。此外，热电偶安装不当，所测壁温也有误差。这两方面影响因素的叠加，使系统误差也表现出一定的随机性。随机误差的某些项目的影响因素被逐渐认识后，就可以把它们从统计规律中分离出来，作为恒定的具有规律的可变系统误差处理。

上述各种误差可通过精度反映出来。进行误差分析的主要目的之一就是要确定测试的精度。所谓精度，是测定结果与真值接近程度的量度。精度越高，测定结果越逼近真值。精度在数量上等于相对误差的倒数，如相对误差为0.10%，则其精度为10^3。实质上，精度表示了测量误差的大小，所以精度又可细分为下列三种：

（1）准确度：表示系统误差的大小，它说明测定值的平均值与真值的偏离程度。

（2）精密度：表示随机误差的大小及重复性的好坏，说明随机误差的弥散程度。

（3）精确度：表示综合误差（即系统误差与随机误差的合成）的大小。

精确度是测量质量的总评价，它既反映了系统误差的大小，又反映了随机误差的大小。准确度高的测量，精密度不一定高。反之，精密度高的测量，准确度不一定高。但精确度高时，准确度、精密度都高。如图4-1所示，设 T 为某器壁内各点的真实温度。测量结果可有三种情况：图4-1（a）中的一组数据系统误差大，测量得到的平均温度离真值较远，但随机误差小，即弥散程度小，故该组数据的准确度低而精密度高。图4-1（b）中的一组数据随机误差大，即弥散程度大，精密度低，但系统误差小，准确度较图4-1（a）中的高。至于图4-1（c）中的一组数据，它的系统误差、随机误差都不大。所以，综合误差小，准确度、精密度都高，精确度也高。

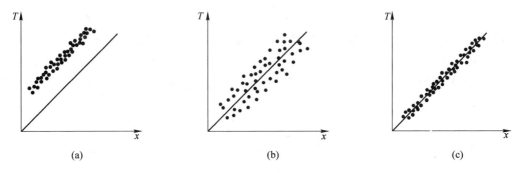

图 4-1　实验数据的准确度、精密度和精确度示意图

4.2　直接测量中随机误差的估计

4.2.1　随机误差的性质

随机误差是由于测量过程中大量彼此独立的微小因素对测量影响的综合效果造成的。随机误差来自某些不可知的原因，但大量的实践证明，只要测量的次数足够多，则测量值的随机误差的概率密度分布服从正态分布（或称高斯误差分布）。可以根据这种分布规律从一系列重复测定值求出被测值的最可信值作为测量结果，并给出该结果以很高概率存在的范围。此范围称为测定值的随机不确定度。表示被测量的真值落在这个不确定度范围内的概率称为该不确定度的置信概率。随机误差概率密度的正态分布曲线如图 4-2 所示。曲线横坐标为绝对误差，即测定值与真值之差。纵坐标为随机误差的概率密度 y，其定义为：

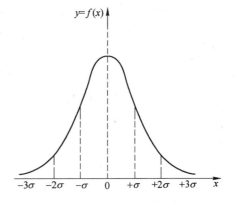

图 4-2　概率密度分布曲线

$$y = \lim_{\Delta x \to 0} \frac{\dfrac{\Delta n}{n}}{\Delta x} = \frac{1}{n} \frac{\mathrm{d}n}{\mathrm{d}x} \qquad (4\text{-}1)$$

式中　n——总的测量次数；

　　　Δn——误差在 x 到 $x + \Delta x$ 之间出现的次数；

　　　$\mathrm{d}n$——误差在 x 到 $x + \mathrm{d}x$ 之间出现的次数。

令 $P(x) = y\mathrm{d}x$，则 $P(x)$ 就表示误差在 x 到 $x + \mathrm{d}x$ 之间的概率。高斯于 1795 年找到随机误差概率密度的正态分布规律，即

$$y = \frac{1}{\sigma \sqrt{2\pi}} \mathrm{e}^{\frac{-x^2}{2\sigma^2}} \qquad (4\text{-}2)$$

式中　x——测量值的绝对误差，$x = M - \mu$；

　　　σ——均方根误差或称为标准误差，其值为

$$\sigma = \sqrt{\frac{\sum_{i=1}^{n} (M_i - \mu)^2}{n}} \qquad (4\text{-}3)$$

式中　M_i——第 i 次的测量值。

由式（4-2）可知，σ 越小，概率密度分布曲线越尖锐，即随机误差的离散性越小或小误差出现的机会越多，这意味着测量的精度越高。反之，σ 越大，曲线变得越平坦，测量的精度越低。因此标准误差 σ 可以用来判断测量精度的高低。由图 4-2 可知，正态分布曲线是以真值 $\mu(x=0)$ 为对称轴，因此绝对值相同的正负误差出现的概率相等；绝对值小的误差出现的概率大，而绝对值大的误差出现的概率小。为了计算方便起见，常常把误差 x 出现的区间取作标准误差 σ 的若干倍，记作 $|x|<k\sigma$，称 $k\sigma$ 为不确定度，k 为置信系数。对于服从正态分布的误差，误差介于 σ 和 $-k\sigma$ 之间的概率为

$$P(|x|<\sigma)=\int_{-\sigma}^{\sigma}y\mathrm{d}x=0.6827$$

误差介于 $\pm2\sigma$ 和 $\pm3\sigma$ 之间的概率分别为 0.9545 和 0.9973。误差超出 3σ 的概率为 $1-0.9973=0.0027$，这是一个很小的概率。小概率事件在一次实验中被看成是不可能事件，这就是实验中常取 3σ 作为极限误差的依据。

4.2.2　最小二乘法原理

由于实验中真值 μ 通常是不知道的，因为不能求出标准误差。通常利用最佳值来代替真值，以计算标准误差。所谓最佳值就是指最可信赖的值。

假定在等精度条件下对被测量 M 进行了 n 次测量，得到测量值为 M_1，M_2，M_3，$\cdots$，M_n，相应的测量误差为 x_1，x_2，x_3，$\cdots$，x_n。设最佳值为 A，则与其对应的每次测量误差分别为 $x_1=M_1-A$，$x_2=M_2-A$，$\cdots$，$x_n=M_n-A$。具有误差为 x_1，x_2，x_3，$\cdots$，x_n 的概率分别为：

$$P_1=\frac{1}{\sigma\sqrt{2\pi}}\mathrm{e}^{-\left(\frac{x_1^2}{2\sigma^2}\right)}\mathrm{d}x_1$$

$$P_2=\frac{1}{\sigma\sqrt{2\pi}}\mathrm{e}^{-\left(\frac{x_2^2}{2\sigma^2}\right)}\mathrm{d}x_2$$

$$\vdots$$

$$P_n=\frac{1}{\sigma\sqrt{2\pi}}\mathrm{e}^{-\left(\frac{x_n^2}{2\sigma^2}\right)}\mathrm{d}x_n$$

由于各次测量是互相独立的事件。由概率论知，所有误差同时出现的概率为：

$$P=P_1P_2\cdots P_n=\left(\frac{1}{\sigma\sqrt{2\pi}}\right)^n\exp\left(-\frac{x_1^2+x_2^2+\cdots+x_n^2}{2\sigma^2}\right)\mathrm{d}x_1\mathrm{d}x_2\cdots\mathrm{d}x_n$$

由于随机误差服从正态分布，因此小误差比大误差出现的机会多，最佳值就是概率 P 最大时的测量值。上式中欲使 P 为最大，必须满足 $x_1^2+x_2^2+\cdots+x_n^2$ 为最小。令 $Q=x_1^2+x_2^2+\cdots+x_n^2=(M_1-A)^2+(M_2-A)^2+\cdots+(M_n-A)^2$，则各项之和最小的条件为：

$$\frac{\mathrm{d}Q}{\mathrm{d}A}=0\qquad\frac{\mathrm{d}^2Q}{\mathrm{d}A^2}>0$$

由此解得

$$nA=\sum_{i=1}^{n}M_i$$

$$A = \frac{1}{n} \sum_{i=1}^{n} M_i = \overline{M} \qquad (4\text{-}4)$$

由此得出结论，在一组等精度的测量中，测量值的算术平均值就是被测量的真值的最佳值或最可信赖值，它满足各测量值误差的平方和为最小，这就是所谓的最小二乘法原理。

4.2.3 随机误差的表示方法

4.2.3.1 标准偏差 σ

标准误差是各个误差平方和的平均值的平方根。它对于测量中较大的误差和较小的误差反映比较灵敏，是表示测量误差的较好方法。按式（4-3）计算标准误差要求满足 $n \to \infty$，而实际测量次数总是有限的，同时真值 μ 不知道而常用最佳值 A 代替。所以只能用有限测量次数 n 和最佳值 A，即算术平均值 $\overline{M}$ 来计算标准误差。式（4-3）经过一系列运算后可得

$$\sigma = \sqrt{\frac{\sum_{i=1}^{n} (M_i - A)^2}{n-1}} \qquad (4\text{-}5)$$

式（4-5）称为贝塞尔公式。只有当 n 足够大时式（4-5）才是正确的。对于有限次测量，它只是一个近似公式。贝塞尔公式计算比较麻烦，且使计算速度减慢，不能满足快速测量时需要对测量精度做出迅速判断的要求。下面介绍另一种比较简便的计算方法，称为最大残差法。

在等精度条件下，对某一物理量进行 n 次测量，得到测量值为 M_1，M_2，M_3，$\cdots$，M_n，计算它们的残差为：

$$V_i = M_i - \frac{1}{n} \sum_{i=1}^{n} M_i \quad (i = 1,2,3,\cdots,n)$$

则测量的标准误差可表示为：

$$\sigma = K_n |V_i|_{\max} \qquad (4\text{-}6)$$

式中　K_n——最大残差法系数；

$|V_i|_{\max}$——各残差中绝对值最大值。

4.2.3.2 平均误差 D

平均误差 D 是各个误差绝对值的算术平均值，即

$$D = \frac{1}{n} \sum_{i=1}^{n} |M_i - \mu| = \frac{\sum |V_i|}{\sqrt{n(n-1)}} \qquad (4\text{-}7)$$

所以平均误差和标准误差之间存在着下列简单的函数关系：

$$D = \sqrt{\frac{2}{\pi}} \sigma \approx 0.7979\sigma \approx \frac{4}{5}\sigma \qquad (4\text{-}8)$$

4.2.3.3 或然误差 ρ

在一定测量条件下，在一系列的随机误差中，可以找出这样一个误差的值位，比它大

的误差出现的概率和比它小的误差出现的概率相同，这个误差称为或然误差 ρ。

$$P(|x|<\rho)=P(|x|>\rho)=\frac{1}{2}$$

或然误差 ρ 与标准误差之间的关系为：

$$\rho=0.6745\sigma\approx\frac{2}{3}\sigma \tag{4-9}$$

4.2.3.4 极限误差或最大误差

在测量中，常常要知道某一给定误差在一定范围内出现的概率，以判断误差的性质或不同测量方法之间的符合程度。这样有必要给随机误差规定一个极限值，绝对值超过这个极限值的误差出现可能性很小，在实际测量中认为它是不可能事件。这个随机误差的极限值称为极限误差，在一般工程测量中，常取极限误差 $\Delta=3\sigma$。

4.2.3.5 算术平均值的标准误差

算术平均值对真值 μ 的绝对误差称为算术平均值的标准误差 s，即 $s=\overline{M}-\mu$。算术平均值的标准误差与测量值的标准误差之间的关系为：

$$s=\frac{\sigma}{\sqrt{n}}=\sqrt{\frac{\sum V_i^2}{n(n-1)}} \tag{4-10}$$

由式（4-10）可见，多次测量的算术平均值的标准误差比测量值的标准误差小，所以多次测量可以提高测量结果的精度。一般当 $n>10$ 以后，进一步增加 n，s 的变化不大，所以一般测量次数取 10 次就够了。

4.2.4 测量结果的置信概率及表示方法

有限次（n 次）测量中的算术平均值 $\overline{M}$ 是一个随机变量，它与真实值 μ 之间存在一个随机误差 $s=\overline{M}-\mu$。人们希望了解到底与真值 μ 之间近似程度如何，即 $\overline{M}$ 是处于什么样的精度范围内。通常这样的范围以区间的形式给出，这个区间称为置信区间。设误差 s 的绝对值小于给定的小量 ε 的概率为：

$$P_a=P(|\overline{M}-\mu|<\varepsilon)$$

或
$$P_a=P[(\mu-\varepsilon)<\overline{M}<(\mu+\varepsilon)] \tag{4-11}$$

式（4-11）表示平均值 $\overline{M}$ 的随机起伏范围不超过指定区间（$\mu-\varepsilon$，$\mu+\varepsilon$）的概率为多大。这个指定区间就是置信区间，因此它是测量结果离散程度的一个标志。

算术平均值 $\overline{M}$ 落于某一置信区间的概率 P_a 称为置信概率或置信度。令 $\alpha=1-P_a$，α 称为置信水平。显然，置信区间越宽，置信概率就越大。确定置信概率要根据具体要求和可能进行。一般情况下，置信概率可取 68%、90%、95%、99%、99.5%、99.73% 等。对于 n 次等精度测量，当它服从正态分布时，可将测量结果表示为：

$$M=\overline{M}\pm k_t s \quad（置信概率） \tag{4-12}$$

式中 $\overline{M}$——n 次测量的算术平均值；

$\quad\quad s$——算术平均值的标准误差，由式（4-10）计算；

k_t——系数，其值可以根据置信概率及测量次数确定。

测量值 M 的置信区间为 $\left(\overline{M} - k_t s,\ \overline{M} + k_t s\right)$。

4.3   间接测量的误差分析

4.3.1   间接测量误差

在实验过程中，有些物理量是能直接测量的，如温度、压力等，但有些物理量是不能够直接测量的，或直接测量很不方便，如黏度、速度、流量等。对于那些不能直接测量的物理量，一般通过直接测量一些物理量，再根据一定的函数关系计算出未知的物理量，这种测量称间接测量。间接测量不可避免地会存在一定的误差，它不仅和直接测量值的误差有关，而且还和函数关系式的形式有关。间接测量误差的分析，要求解决以下三个问题：

（1）根据直接测量值的精度来估计间接测量值的精度。这是在已知函数关系和给定各个直接测量误差的情况下计算间接测量误差的问题。

（2）如果对间接测量的精度有一定的要求，那么各个直接测量值应该具有怎样的测量精度才能满足间接测量的精度要求，这是在已知函数关系和给定间接测量值误差的情况下计算各个间接测量值所能允许的最大误差。

（3）寻求测量的最有利条件，也就是使函数误差达到最小的值的最有利条件。这一类问题实际上是为了确定最有利的实验条件。

4.3.2   误差分配方法

在一项具体测量之前，往往需要按测量精度和其他要求选择测量方案。确定该方案中的误差来源并分配每项误差的允许大小，这就是所谓的误差分配问题。

当直接测量的量在两个以上时，这个问题在数学上的解是不定的。通常我们采用所谓等效法。该法假定各个直接测量的物理量对于间接测量量所引起的误差均相等，所以有：

$$\sigma = \sqrt{\sum_{i=1}^{n}\left(\frac{\partial f}{\partial M_i}\right)^2 \sigma_i^2} = \sqrt{n\left(\frac{\partial f}{\partial M_i}\right)^2 \sigma_i^2} = \sqrt{n}\,\frac{\partial f}{\partial M_i}\sigma_i \tag{4-13}$$

式中，n 为直接测量量的个数。

由此可得到分配给各个直接测量值的标准差为：

$$\sigma_i = \frac{\sigma}{\sqrt{n}\dfrac{\partial f}{\partial M_i}} \tag{4-14}$$

因此若预先给定了间接测量所允许的最大误差，则每一个直接测量值的最大允许误差可由式（4-14）计算出。

在有些测量问题中，某些直接测量量的误差与其他误差相比，可以忽略不计。此时误差的分配工作就可以大为简化。或者可以先从总误差中扣除已经确定的某几项直接测量的误差，然后再对余下的各项误差进行分配。

4.4　实验数据的处理

4.4.1　有效数字

4.4.1.1　有效数字的概念

在测量和实验数据处理中，应该用几位数字来表示测量值和计算值是十分重要的。由于测量仪表和计算工具精度的限制，测量值和计算值的精度都是有限的。所以那种认为小数点后位数越多越准确的说法是不对的。通常规定数据的正确写法应是只保留最末一位不准确的估计数字，而其余的数字都是准确可靠的。根据这一规则记录下来的数字称为有效数字。例如温度计的读数为 83.5℃，这是由三位数字组成的测量值。这个数据中，前面两位是完全准确的，第三位 5 通常是靠估计得出的不精确数字。这三个数对测量结果都是有效的，不可少的，所以称这个数有三位有效数字。此时如果把这个温度写成 83.56℃ 或 83.564℃ 都是没有意义的。

有效数字的位数是由最左面第一个非零数字开始计算直至最后一位。例如 0.0253m 和 253mm，其有效数字都是三位。记录测量数据时，一般只保留有效数字。表示误差时，常只取 1~2 位有效数字。数字 0 应特别注意，它可以是有效数字，也可以不是有效数字。例如毫伏计的读数 10.05mV 中的 0 都是有效数字，而长 0.00326m 中的前三位 0 都不是有效数字，因为它们只与所取的单位有关。

当测量误差已知时，测量结果的有效数字应取的位数与该误差的位数一致。例如某压力测量结果为 125.72Pa，测量误差为 ±0.1Pa，则测量结果应写成 125.7Pa。

4.4.1.2　有效数字的计算法则

在数据处理中，常常需要运算一些精确度不相等的数值，此时需要对各个数据进行一定的处理，以简化计算过程。为了使实验结果的数据处理有统一的标准，对有效数字的计算法则规定如下：

（1）记录测量值时，只保留一位可疑数字，即读数只估计到分度值的十分之一。可疑数字表示该位上有 ±1 个单位的读数误差。如温度的读数为 4.2℃，则表示其误差为 ±0.1℃。

（2）有效数字位数确定后，多余的有效数字一律舍去并进行凑整。凑整的规律通常简称为四舍五入。当舍去部分的第一位数字刚好等于 5 时，则末位凑成偶数。这是为了使凑整引起的舍入误差成为随机误差而不成为系统误差。

例如，将下列五个数修正到四位有效数字，则有：

$$3.14159 \rightarrow 3.142$$
$$1.41423 \rightarrow 1.414$$
$$1.73250 \rightarrow 1.732$$
$$5.62350 \rightarrow 5.624$$
$$6.37042 \rightarrow 6.370$$

（3）在加减运算中，各数保留的小数点后的位数，应与所给各数中小数点后位数最少的相同。

（4）在乘除法中，各因子保留的位数，以有效数字位数最少的为标准。所得积或商的精确度不应大于精确度最小的那个因子。

（5）乘方及开方运算，运算结果比原数据多保留一位有效数字。

（6）对数运算时，所取对数的有效数字应与真值的有效数字位数相等。

（7）计算平均值时，若为四个数据或四个以上数据相平均时，则平均值的有效数字可增加一位。

4.4.2 等精度测量结果的数据处理

根据随机误差处理方法及判别系统误差是否存在的准则，可对等精度测量结果进行加工处理，其步骤如下：

（1）将测量结果按先后次序列成表格。

（2）求取算术平均值：$\overline{M} = \dfrac{1}{n} \sum\limits_{i=1}^{n} M_i$。

（3）在表上列出残差 V_i 及其平方 V_i^2，并应有 $\sum V_i = 0$。

（4）按公式计算标准误差。

（5）利用疏忽误差判别规则剔除坏值，然后从第（2）步开始重新计算。

（6）检查系统是否有不可忽略的系统误差，如有应查明产生的原因，并在消除后重新进行测量。

（7）求算术平均值的标准误差，$s = \sigma / \sqrt{n}$。

（8）写出测量结果的最后表达式，置信概率值写在括号内。如不注明，置信概率取95%。测量结果的表达式为：$M = \overline{M} \pm k_i s$（置信概率）。

4.4.3 实验曲线的绘制和曲线的拟合

通常将实验结果绘制成实验曲线，并通过对该曲线进行定量的分析或对曲线的形状、特征及变化趋势的研究，加深对实验对象的了解，进一步整理出符合现象变化规律的经验公式或半理论半经验公式。因此实验曲线在实验结果的处理中具有重要的作用。

4.4.3.1 实验曲线的绘制

由于实验数据存在测量误差，连接各实验点形成的曲线不可能很光滑。因此如何在有一定离散度的点群中绘制出一条能够较好地反映真实情况的曲线，是一个很关键的问题。

绘制实验曲线的图纸常用的是方格直角坐标纸，也有对数坐标纸、半对数坐标纸和极坐标纸。纸的大小与物理量单位的选择要合适，分度太粗（指测量单位选择太大）会夸大原数据的精度；分度太细，曲线难以绘制。选择坐标纸时，要尽量设法绘成直线。

在直角坐标中，线性分度是应用最广的。一般对于双变量的情况，选择一个其误差可以忽略的变量当作自变量 x，以横坐标表示。另一个为因变量 y，以纵坐标表示。坐标原点不一定为 0，可视具体情况而定，数据点可用小圆点、空心圆、三角、十字和正方形等作为标记，其几何中心应与实验值相重合。标记的大小一般在 1mm 左右。

坐标的分度最好能使实验曲线坐标读数和实验数据具有同样的有效数字位数。纵坐标与横坐标的分度不一定一致，使曲线的坡度尽可能界于 30°～60°之间。

绘制曲线时应注意以下几点：

（1）实验曲线必须通过尽可能多的实验点，留在曲线外的实验点应尽量靠近曲线，并且曲线两侧的实验点应能大致相等，如图 4-3 所示。

（2）曲线应光滑匀整，最好用曲线板绘制。当实验数据中有极值出现时，应特别注意在图形中能正确反映出极值。在极值处应尽量增加测量点。

（3）图上应适当地标出实验点所对应的实验条件。不同的条件用不同形状的点来表示。

4.4.3.2 实验曲线拟合

实验曲线拟合，就是从一组离散的实验数据中运用有关误差理论的知识，求得一条最佳曲线，使之与离散的实验数据之间误差最小。曲线拟合有分组平均法、残差图法及最小二乘法。分组平均法与残差图法比较简单、实用，是常用的工程方法。最小二乘法计算比较繁冗，但借助计算机程序能方便地求出曲线的最佳拟合方程，下面分别进行介绍。

A 分组平均法拟合

分组平均法是把横坐标分成若干组，每组包含 2~4 个数据点，然后求出各组数据点的几何重心坐标，再把各几何重心连接成光滑曲线。由于进行了数据平均，使随机误差的影响减小，各几何重心点的离散性显著减小，从而使作图较为方便和准确。

如图 4-4 所示的是每组取三个数据点进行平均的拟合过程。把各三角形重心相连，就可以得到一条比较光滑的拟合曲线。

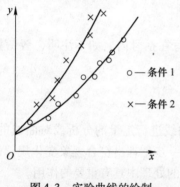
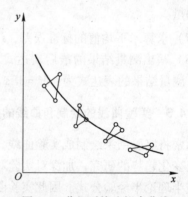

图 4-3 实验曲线的绘制   图 4-4 分组平均法拟合曲线

B 残差图法拟合直线

由于随机误差的影响，造成实验数据分布的离散性，增加了绘制直线的困难。残差图法的基本内容是使求出的直线（最佳直线）与实验数据之间的残差代数和等于零并满足残差的平方和为最小。

残差图法拟合过程如下：

（1）在表中列出 x_i，y_i 的值，并将各实验点标在坐标纸上。

（2）作一条尽可能最佳的直线，并求出（可从图上量出）此直线的方程为：

$$y = ax + b \tag{4-15}$$

（3）求各 x_i 的残差：

$$v_i = y_i - (ax_i + b) \tag{4-16}$$

（4）作残差图 $v_i - x_i$，一一对应的标在图上。

（5）在残差图上作一条尽可能反映残差平均效应的直线，并求出其方程为：

$$v = a'x + b'$$

（6）式（4-15）表示的原直线方程进行修正，修正后的直线方程为：

$$y_i = y + v = (a + a')x + (b + b') = a_1x + b_1$$

显然 a_1 和 b_1 比 a 和 b 更靠近实际值。通常只需修正一次就可以满足要求。

C 最小二乘法——回归方程

如果把各实验点标在坐标图上，就可以得到一张散点图。从点的分布规律可以看出变量之间存有一定的关系。实验数据中因变量随自变量变化的相依关系，常称为经验公式或称为实验对象的数学模型。我们的目的是要求出实验点散点图上的最佳的一条光滑曲线，并且求出该曲线的函数关系式。这样就可以从实验数据得到经验公式。

最小二乘法是求得最佳拟合曲线的一种方法。下面以一元线性回归分析为例，来说明最小二乘法求最佳拟合曲线的步骤。

一元线性回归是讨论两个变量之间的线性关系。设有 n 对实验测量结果 $(x_i, y_i)(i = 1, 2, \cdots, n)$，其中 y 为随机变量，x 为非随机变量。

令最佳拟合直线为：

$$y = ax + b \tag{4-17}$$

则对于每一对实验测量结果有：

$$y_i = ax_i + b \tag{4-18}$$

式中，a、b 为待定系数，通常也称为回归系数。

最小二乘法原理指出，当方程（4-17）所代表的直线为最佳拟合直线时，各因变量的残差平方和最小，即满足各组测量值 (x_i, y_i) 在 y 方向上对回归直线的偏差 $y - y_i$ 的平方和为最小。

上述拟合直线方程相对于测量的残差平方和为：

$$Q = \sum_{i=1}^{n} V_i^2 = \sum_{i=1}^{n} \left[y_i - (ax_i + b) \right]^2 \tag{4-19}$$

满足 Q 为最小的条件为：

$$\frac{\partial Q}{\partial a} = 0 \quad \frac{\partial Q}{\partial b} = 0 \tag{4-20}$$

将式（4-19）代入式（4-20），得

$$a \sum x_i + nb = \sum y_i$$

$$a \sum x_i^2 + b \sum x_i = \sum x_i y_i$$

通过方程的联立求解，得

$$a = \frac{\sum x_i \sum y_i - n \sum x_i y_i}{(\sum x_i)^2 - n \sum x_i^2}$$

$$b = \frac{\sum x_i y_i \sum x_i - \sum y_i \sum x_i^2}{(\sum x_i)^2 - n \sum x_i^2}$$

将 a、b 的值代入式（4-18）就可以获得所要求的最佳拟合曲线。

两变量间的线性回归分析仅仅是最简单的情况，在很多场合，两变量之间呈复杂的非线性关系。最小二乘法也适用于拟合一元非线性回归曲线，求出非线性回归方程。不论拟合的曲线是何种形式，在拟合过程中主要是要定出自变量（非随机变量）的系数值。

非线性回归方程的一般形式为：

$$y = a_0 + a_1 x + a_2 x^2 + \cdots + a_n x^n \tag{4-21}$$

现在的问题是当已知 n 组实验观测值 $(x_i, y_i)(i = 1, 2, \cdots, n)$ 如何来求得 $(n + 1)$ 个系数 $a_0, a_1, \cdots, a_n$，该问题归结为解 $(n + 1)$ 个线性联立方程。

在拟合非线性回归方程之前，首先要尽量考虑能否进行变换，使方程线性化，从而可以简化求解过程；其次若一定需要进行多项式回归时，则需要确定多项式的最高幂 n 的值。下面对这两个问题分别进行讨论。

（1）线性化变换。虽然从实验点的散点图上看 y 和 x 的关系十分复杂，但往往可以通过变量置换而使之线性化。这样前面介绍的一元线性回归分析所得到的公式都可以使用。

（2）最高幂选定。多项式回归的一个重要问题是如何选定最高次幂 n。如取多项式次数 n 太小，往往不能反映出曲线的真实趋向，计算得到的 y 值在某些区段上会与实验值 y_i 有较大的偏离；如果 n 选得过大，则会过分去凑合那些离散度较大的点，也不能反映出曲线的真实趋向。如用计算机处理数据，可以从 $n = 1$ 开始，对每一个 n 值按下式计算其 S 值：

$$S^2 = \frac{\sum\limits_{i=1}^{n} (y_i - y)^2}{N - n - 1}$$

式中，S^2 称为子样方差，y_i 是实验值，y 是计算值，N 为测量次数，一般要求 $N > n + 1$。

如果存在有一个 m 值（$m < n$），从 $m - 1$ 到 n 时，S^2 会显著减小，然后从 n 到 $n + 1$ 时，S^2 的值不再减小，这个 n 值就是所要求的值。

在确定了多项式的最高幂以后，就可以用最小二乘法确定式（4-21）中的诸系数 a_0, $a_1, \cdots, a_n$。其步骤类似于一元线性回归分析，根据 N 组实验值和回归方程之间残差平方和为最小的条件，可以得到 $n + 1$ 个线性方程，从而求出 $n + 1$ 个回归系数。从而得到所需要的拟合曲线。这种计算十分复杂，往往只能借助于计算机才能进行。

用最小二乘法还可以将实验结果整理成多自变量的经验关系式，其过程与一元回归分析相类似，称为多元线性回归分析。此时自变量的数目相当于一元多项式回归时的幂次数。

4.4.4　一元线性回归分析的检验

在用最小二乘法计算回归系数 a 和 b 时，并没有假定变量 x、y 之间有线性相关关系，那么由公式（4-17）所确定的回归方程是否与实验数据点 (x_i, y_i) 有着良好的拟合程度呢，即回归直线能否比较满意地反映出实验点之间存在的客观规律。从最小二乘法本身来说，任何一维杂乱的数据点都可以回归成一条直线，显然这条直线并没有什么实用意义。所以必须对回归方程的拟合程度进行检验。

描述两个变量之间线性相关密切程度的指标是一个被称为相关系数的量值，它的定义为：

$$R = \frac{\sum (x_i - \bar{x})(y_i - \bar{y})}{\sqrt{\sum (x_i - \bar{x})^2 \sum (y_i - \bar{y})^2}}$$

式中，x_i、y_i是实验观测值；$\bar{x}$、$\bar{y}$是算术平均值。

R 的值在 $-1 \sim +1$ 之间变化。当 R 的绝对值越接近于 1 时，回归直线和实验点之间的线性拟合程度就越好。当 $R = \pm 1$ 时，所有实验点都正好落在回归直线上。

相关系数的大小，表征了回归直线与实验点之间的拟合程度。那么 R 的绝对值要大到什么程度时才能认为回归直线能近似地表示出 x、y 之间的正确关系，这就是常称为相关系数的显著性检验，把可用回归直线来表示 x、y 之间关系时所对应的 R 值称为相关系数显著值。一般来说，由于测量误差的影响，使相关系数达到显著的值与测量次数 n 以及回归直线拟合可靠程度（置信度）P_a 有关。

对于一元非线性回归方程（n 阶多项式），工程上常用来检验该回归方程拟合程度的方法称为 F 检验法。所谓 F 检验法，就是构造一个统计量 F，其值为：

$$F = \frac{\sum\limits_{i=1}^{N} (y - \bar{y})^2 / f_1}{\sum\limits_{i=1}^{N} (y_i - y)^2 / f_2}$$

式中，$f_1 = n$；$f_2 = N - n - 1$；N 为测量组数。

要使 n 阶非线性回归方程所确定的拟合曲线与测量点之间有足够的拟合程度，就要使残差平方和 $\sum (y_i - y)^2$ 小到一定程度。换句话说，就要使 F 大到一定程度。因此我们就可以用判别 F 值的大小来判别回归曲线的拟合程度。如果 F 值的大小不能满足预定的要求，可以提高多项式的阶数。所以 F 检验也可以用来根据预定的拟合精度来确定所需要的多项式阶数，即最高次幂。

对于多元线性回归分析，同样可以用类似上述多项式回归分析的 F 检验方法来判别它的拟合程度，只是在 F 量计算时用自变量数目 n 代替前述回归方程中的最高幂次 n。

4.4.5　经验公式的选取

工程实用中，用经验公式表示测量结果有很多优点，如形式紧凑、便于微积分和插值运算，适合于计算机程序的编制和运算。

确定经验公式有三方面的工作：确定公式的函数类型；确定函数中各系数或指数；对得到的经验公式的精度做出估计。

理想的经验公式要求形式简单，所包含的任意常数不多，并能准确地代表一组实验数据。对于给定的一组实验数据，通常先将数据点画在合适的坐标图上，根据所得的实验曲线的形状猜测经验公式应有的形式，然后再用数据验证。如果符合的精度不够满意，则对所假定的函数形式作一定的修改，直至满意为止。这方面需要有一定的技巧和经验，可以结合具体问题进行实践。计算机的使用，为选择合适的经验公式提供了有效的工具。

4.5　一般热工实验的误差分析

从实验精确度要求较高的物性参数测量，直到影响因素众多以至难以进行准确的误差分析的热力设备性能实验，热工实验的内容、方法极为广泛。但是，无论对何种实验进行误差分析都是必要的。前面所讲的误差分析的基本概念、理论及方法，是进行热工实验误差分析的基础。但对不同内容和要求的实验，其误差分析的具体方法也有区别。

对热工实验进行误差分析一般应注意下列几点：

（1）首先根据实验原理、设备、仪表及实验测量方法，寻找并分析系统误差。在确定其方向、大小后，对实验结果加以修正，最大限度地从实验测量结果中剔除系统误差。

（2）对于某些精确度要求较高的实验，如导热系数、比热容的测定，或当某些实验中某种测量的误差随机性较强时，如用热电偶刻度校验中的热电势测量，其要求在消除系统误差之后保持最低限度的重复测量次数，对于同一状态，应至少测量三次以上，以便得到较可靠的平均值。对于这样的测量，须求出标准误差，以说明实验结果的精度。

（3）一些工程性较强或较复杂的实验，如热机实验、换热器实验、对流换热实验等，实验原理、设备以及实验过程的影响因素等方面较复杂，且各因素的影响又不尽相同。对于这类实验，往往在维持实验工况稳定的条件下，只进行一次测量。这不仅是由于实验条件的限制，如长时间维持某一稳定工况较困难，无法进行大量重复测量等。认真而精确的单次测量结果并不比每次误差较大的多次测量法可靠性差。因而不能总将希望寄托于多次测量的平均值，而应力求提高单次测量的可靠性。这种单次测量的误差，可根据实验用测量仪表的精度等级来估计。用仪表的精度估计单次测量的误差时，误差中包含有仪表系统误差和随机误差。

5 工程流体力学实验

实验1 流体静力学实验

流体静力学研究流体处于静止状态下的平衡规律及其在工程上的应用。所谓流体静止是指流体内部微团与微团之间或层与层之间不存在相对运动，流体整体可能是静止的，也有可能像刚体一样做整体运动。一般情况下选取地球为惯性坐标系，流体相对于惯性坐标系没有运动时，称为绝对静止，常简称为静止或者平衡；相对于非惯性坐标系没有运动时，称为相对静止或相对平衡。

绝对静止或相对静止的流体内速度梯度为零，相应地，流体内部摩擦切应力为零，不体现黏性的特性。流体静力学的规律适用于黏性流体和理想流体。

【实验目的】

（1）掌握用测压管测量流体静压强的技能。

（2）验证不可压缩流体静力学基本方程。

（3）通过对诸多流体静力学现象的实验观察分析，加深对流体静力学基本概念的理解，提高解决静力学实际问题的能力。

【实验原理】

（1）在重力作用下不可压缩流体静力学基本方程为：

$$Z + \frac{p}{\gamma} = \text{const} \tag{5-1}$$

或
$$p = p_0 + \gamma h \tag{5-2}$$

式中　　Z——被测点在基准面的相对位置高度；

p——被测点的静水压强（用相对压强表示，以下同）；

p_0——水箱中液面的表面压强；

γ——液体容重；

h——被测点的液体深度。

（2）油密度测量原理。不另备测量尺，只利用带标尺测压管的自带标尺测量。先用加压打气球打气加压使 U 形测压管中的水面与油水交界面齐平，如图 5-1（a）所示。

取其顶面为等压面，有

$$p_{01} = \gamma_w h_1 = \gamma_0 H \tag{5-3}$$

再打开减压放水阀降压，使 U 形测压管中的水面与油面齐平，如图 5-1（b）所示。取其油水界面为等压面，则有

$$p_{02} = -\gamma_w h_2 = \gamma_0 H - \gamma_w H \tag{5-4}$$

联立式 (5-3)、式 (5-4)，则有

$$\frac{\gamma_0}{\gamma_w} = \frac{h_1}{h_1 + h_2} \tag{5-5}$$

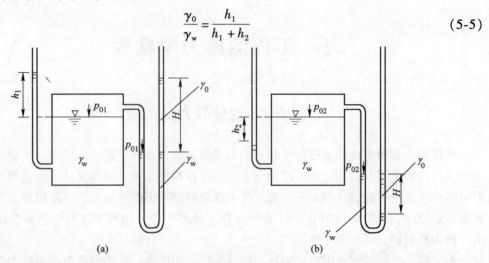

图 5-1   油密度测量方法

【实验装置】

仪器装置简图如图 5-2 所示，该仪器由透明有机玻璃精制的静压水箱、加气增压和放水减压装置以及用透明有机玻璃管特制的单管式测压管、U 形测压管、倒虹吸真空度测压管和连通管等组成。并设有一带刻度标尺的测压管，可供各项定量实验的测量，示值精度 0.1cm。其中：

（1）所有测管液面标高均以标尺（测压管 2）零读数为基准。

（2）仪器铭牌所注 ∇_B、∇_C、∇_D 是测点 B、C、D 标高，若同时取标尺零点作为静力学基本方程的基准，则 ∇_B、∇_C、∇_D 也为 Z_B、Z_C、Z_D。

（3）本仪器中所有阀门旋柄均以顺管轴线为开。

【实验方法】

（1）了解仪器组成及其用法。包括：

1）各阀门的开关。

2）加压方法。关闭所有阀门（包括截止阀），然后用打气球充气。

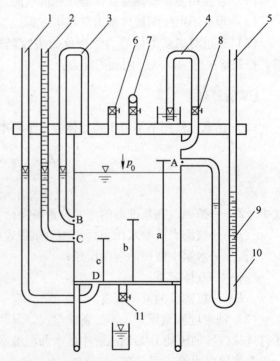

图 5-2   流体静力学实验装置图

1—测压管；2—带标尺测压管；3—连通管；4—真空测压管；
5—U 形测压管；6—通气阀；7—加压打气球；8—截止阀；
9—油柱；10—水柱；11—减压放水阀

3）减压方法。开启实验装置底部的阀 11 放水。

4）检查仪器是否密封。加压后检查测管 1、2、5 液面高程是否恒定。若下降，表明漏气，应查明原因并加以处理。

（2）记录仪器号及各常数（记入表 5-1）。

（3）量测点静压强（各点压强用厘米水柱高表示）。

1）打开通气阀 6（此时 $p_0 = 0$），记录水箱液面标高 ∇_0 和测管 2 液面标高 ∇_H（此时 $\nabla_0 = \nabla_H$）。

2）关闭通气阀 6 及截止阀 8，加压使之形成 $p_0 > 0$，测记 ∇_0 及 ∇_H。

3）打开放水阀 11 使之形成 $p_0 < 0$（要求其中一次 $p_B / \gamma < 0$，即 $\nabla_H < \nabla_B$），测记 ∇_0 及 ∇_H。

（4）测出测压管 4 插入小水杯中的深度。

（5）测定油的密度 S_0。

1）开启通气阀 6，测记 ∇_0。

2）关闭通气阀 6，打气加压（$p_0 > 0$），微调放气螺母使 U 形管中水面与油水交界面齐，测记 ∇_0 及 ∇_H（此过程反复进行 3 次），记入表 5-2。

3）打开通气阀，待液面稳定后关闭所有阀门；然后开启放水阀降压（$p_0 < 0$），使 U 形管中的水面与油面齐平，测记 ∇_0 及 ∇_H（此过程也反复进行 3 次）。

【实验注意事项】

（1）用打气球加压、减压需缓慢，以防液体溢出及油柱吸附在管壁上。打气后务必关闭打气球下端阀门，以防漏气。

（2）在实验过程中，装置的气密性要求保持良好。

【实验数据处理】

（1）记录有关常数及各测点的标尺读数。

（2）分别求出各次测量时，A、B、C、D 点的压强，并选择一基准验证同一静止液体内的任意两点 C、D 的 $Z + \dfrac{p}{\gamma}$ 是否为常数。

（3）求出油的容重。

（4）测出测压管 4 插入小水杯水中深度。

【思考题】

（1）同一静止液体内的测压管水头线是根什么线？

（2）当 $p_B < 0$ 时，试根据记录数据确定水箱内的真空区域。

（3）若再备一根直尺，试采用另外最简便的方法测定 γ_0。

（4）如测压管太细，对测压管液面的读数将有何影响？

（5）过 C 点做一水平面，相对管 1、2、5 及水箱中液体而言，这个水平面是不是等压面，哪一部分液体是同一等压面？

表 5-1　流体静压强测量记录及计算表格　　　　　　　　　　　　　　　　　（cm）

实验条件	次序	水箱液面∇0	测压管液面∇H	压强水头				测压管水头	
				$\dfrac{p_A}{\gamma}=\nabla_H-\nabla_0$	$\dfrac{p_B}{\gamma}=\nabla_H-\nabla_B$	$\dfrac{p_C}{\gamma}=\nabla_H-\nabla_C$	$\dfrac{p_D}{\gamma}=\nabla_H-\nabla_D$	$Z_C+\dfrac{p_C}{\gamma}$	$Z_D+\dfrac{p_D}{\gamma}$
$p_0=0$	1								
$p_0>0$	1								
	2								
	3								
$p_0<0$	1								
（其中一次 $p_B<0$）	2								

注：表中基准面选在 ＿＿＿＿，$Z_C=$ ＿＿＿＿ cm，$Z_D=$ ＿＿＿＿ cm。

表 5-2　油容量测量记录及计算表格　　　　　　　　　　　　　　　　　（cm）

条件	次序	水箱液面标尺读数∇0	测定管 2 液面标尺读数∇H	$h_1=\nabla_H-\nabla_0$	$h_2=\nabla_0-\nabla_H$	$\bar h_1$	$\bar h_2$	$\dfrac{\gamma_0}{\gamma_w}=\dfrac{\bar h_1}{\bar h_1+\bar h_2}$
$p_0>0$ 且 U 形管中水面与油水交界面齐平	1							
	2							
	3							
$p_0<0$ 且 U 形管中水面与油面齐平	1							
	2							
	3							

$S_0=$

$\gamma_0=$　　（N/cm³）

实验 2　不可压缩流体恒定流能量方程（伯努利方程）实验

伯努利方程是由瑞士科学家伯努利于 1738 年首先提出的，它是对理想不可压缩的重力流体在稳定流动的条件下将运动微分方程沿流线积分得到的，它表达几何高度、压强与速度等参数沿流线的变化。也说明了，理想不可压缩流体在只受重力作用下做稳定流动时，沿流线方向，单位质量的流体各种形式的机械能之和是不变的，但相互之间可以转换，实际上揭示的是流体的机械能守恒，是能量守恒与转换规律（即热力学第一定律）的具体体现。

【实验目的】

（1）通过定性分析实验，提高对动水力学诸多水力现象的实验分析能力。

（2）通过定量测量实验，进一步掌握有压管流中动水力学的能量转换特性，验证流体恒定总流的伯努利方程，掌握测压管水头线的实验测量技能与绘制方法。

（3）通过设计性实验，训练理论分析与实验研究相结合的科研能力。

【实验原理】

在实验管路中沿管内水流方向取 n 个过水断面，在恒定流动时，可以列出进口断面（1）至另一断面（i）的能量方程式（$i = 2，3，\cdots，n$）

$$Z_1 + \frac{p_1}{\gamma} + \frac{\alpha_1 v_1^2}{2g} = Z_i + \frac{p_i}{\gamma} + \frac{\alpha_i v_i^2}{2g} + h_{w1-i}$$

取 $\alpha_1 = \alpha_2 = \alpha_3 = \cdots = \alpha_n = 1$，选好基准面，从已设置的各断面的测压管中读出 $z + \frac{p}{\rho g}$ 值，测出通过管路的流量，即可计算出断面平均流速 v 及 $\frac{\alpha v^2}{2g}$，从而可得到各断面测压管水头和总水头。

【实验装置】

伯努利方程实验装置如图 5-3 所示，为自循环台式实验仪，可由可控硅无级调速器控制供水量，恒压供水箱和实验管道采用全透明有机玻璃精制而成，实验管道为变管径与变管轴线高程管道且增设了毕托管测总压装置，可直观显示测压管水头和总水头的变化规律。

本仪器测压管有两种：

（1）毕托管测压管。用以测读毕托管探头对准点的总水头 H'，须注意一般情况下 H' 与断面总水头 H 不同（因一般 u 不等于 v），它的水头线只能定性表示总水头变化趋势。

（2）普通测压管。用以定量测量测压管水头。

实验流量用阀 13 调节，流量由体积时间法（量筒、秒表另备）测量。

【实验方法】

（1）熟悉实验设备，分清哪些测管是普通测压管，哪些是毕托管测压管，以及两者功

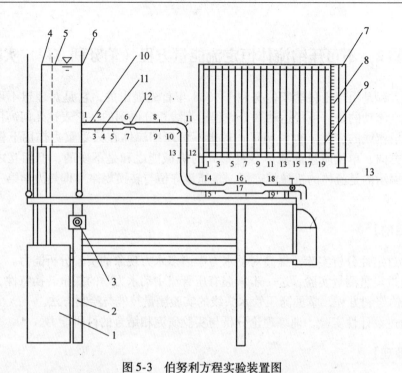

图 5-3   伯努利方程实验装置图

1—自循环供水器；2—实验台；3—可控硅无级调速器；4—溢流板；

5—稳水孔板；6—恒压水箱；7—测压计；8—滑动测量尺；9—测压管；

10—实验管道；11—测压点；12—毕托管；13—实验流量调节阀

能的区别。

(2) 打开开关供水，使水箱充水，待水箱溢流检查调节阀关闭后所有测压管水面是否齐平。如不平则需查明故障原因（例连通管受阻、漏气或夹气泡等）并加以排除，直至调平。

(3) 打开阀 13，观察思考：1）测压管水头线和总水头线的变化趋势；2）位置水头、压强水头之间的相互关系；3）测点 2、3 测管水头是否相同，为什么？4）测点 12、13 测管水头是否不同，为什么？5）当流量增加或减小时测管水头如何变化？

(4) 调节阀 13 开度，待流量稳定后，测记各测压管液面读数，同时测记实验流量（毕托管供演示用，不必测记读数）。

(5) 改变流量两次，重复上述测量。其中一次阀门开度大到使 19 号测管液面接近标尺零点。

【实验注意事项】

(1) 调节完流量之后，一定要耐心等待，待测压管液面稳定后再记录数据。

(2) 体积法测量流量时，需测三次取平均值。

【实验数据处理】

(1) 记录有关常数，将其数值填入表 5-3。

均匀段 $D_1 =$ _____；缩管段 $D_2 =$ _____；扩管段 $D_3 =$ _____；水箱液面高程 $\nabla_0 = 50\text{cm}$；上管道轴线高程 $\nabla_Z = 21\text{cm}$。

表5-3　管径记录表　　　　　　　　　　　　　　　　（cm）

测点编号	1 *	2 3	4	5	6 * 7	8 * 9	10 11	12 * 13	14 * 15	16 * 17	18 * 19
管径											
两点间距	4	4	6	6	4	13.5	6	10	29	16	16

注：1. 测点6、7所在断面内径为 D_2，测点16、17为 D_3，其余均为 D_1；

　　2. 标"＊"的点为毕托管测点；

　　3. 测点2、3为直管均匀流段同一断面上的两个测压点，10、11为弯管非均匀流段同一断面上的两个测点。

（2）测量 $Z + \dfrac{p}{\gamma}$，并计入表5-4。

（3）计算流速水头和总水头，并填入表5-5。

（4）绘制上述成果中最大流量下的总水头线和测压管水头线。

表5-4　测记数值表（基准面选在标尺的零点上）　　　　（cm）

测点编号		2	3	4	5	7	9	10	11	13	15	17	19	$Q/\text{cm}^3 \cdot \text{s}^{-1}$
实验 次序	1													
	2													
	3													

表5-5　计算数值表

	流　速　水　头								
管径 d /cm	$Q/\text{cm}^3 \cdot \text{s}^{-1}$			$Q/\text{cm}^3 \cdot \text{s}^{-1}$			$Q/\text{cm}^3 \cdot \text{s}^{-1}$		
	A /cm²	v /cm·s⁻¹	$\dfrac{v^2}{2g}$ /cm	A /cm²	v /cm·s⁻¹	$\dfrac{v^2}{2g}$ /cm	A /cm²	v /cm·s⁻¹	$\dfrac{v^2}{2g}$ /cm

测点编号		2 3	4	5	7	9	13	15	17	19		Q /cm^3·s^{-1}
总水头 $\left(Z+\dfrac{p}{\gamma}+\dfrac{\alpha v^2}{2g}\right)$												
实验次数	1											
	2											
	3											

【思考题】

（1）测压管水头线和总水头线的变化趋势有何不同，为什么？

（2）流量增加，测压管水头线有何变化，为什么？

（3）测点 2、3 和测点 10、11 的测压管读数分别说明了什么问题？

（4）毕托管显示的总水头线与实测绘制的总水头线一般都略有差异，试分析其原因。

实验 3　不可压缩流体恒定流动量定律实验

连续性方程和伯努利方程可以解决许多实际问题，如确定管道面积、管内流速和压强等，但对于涉及流体与固体间的相互作用力的问题时，经常要用到动量定理。动量定律是牛顿力学第二定律的另一种表述形式，即：物体动量的变化等于作用在该物体上外力的冲量，或物体动量的时间变化率等于作用在该物体上的外力，将其应用于流经控制体内的流体上就得到流体力学的动量方程。

【实验目的】

（1）通过定性分析实验，加深动量与流速、流量、出射角度、动量矩等因素间相关关系的了解。

（2）通过定量测量实验，进一步掌握流体动力学的动量守恒定理，验证不可压缩流体恒定总流的动量方程，测定管嘴射流的动量修正因素。

（3）了解活塞式动量定律实验装置的原理、构造，启发创新思维。

【实验装置】

动量定律实验装置及各部分名称如图 5-4 所示，自循环供水装置 1 由离心式水泵和蓄水箱组合而成。水泵的开启、流量大小的调节均由调速器 3 控制。水流经供水管供给恒压水箱 5，溢流水经回水管流回蓄水箱。流经管嘴 6 的水流形成射流，冲击带活塞和翼片的抗冲平板 9，以与入射角成 90°的方向离开抗冲平板。抗冲平板在射流冲力和测压管 8 中的水压力作用下处于平衡状态。活塞形心处水深 h_c 可由测压管 8 测得，由此可求得射流的冲力，即动量力 F。冲击后的弃水经集水箱 7 汇集后，再经上回水管 10 流出，最后经漏斗和下回水管流回蓄水箱。

为了自动调节测压管内的水位，以使带活塞的平板受力平衡并减小摩擦阻力对活塞的

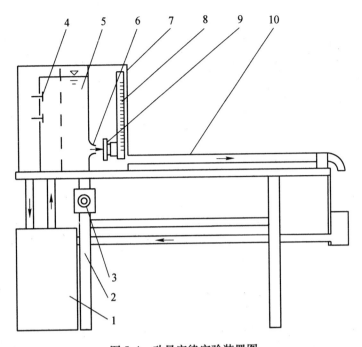

图 5-4 动量定律实验装置图

1—自循环供水器；2—实验台；3—可控硅无级调速器；4—水位调节阀；

5—恒压水箱；6—管嘴；7—集水箱；8—带活塞的测压管；

9—带活塞和翼片的抗冲平板；10—上回水管

影响，本实验装置应用了自动控制的反馈原理和动摩擦减阻技术，其构造及受力情况如图 5-5 所示。

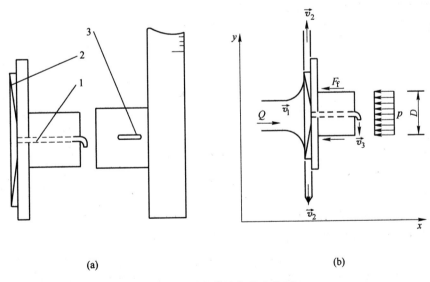

(a)   (b)

图 5-5 活塞构造与受力分析

（a）活塞构造；（b）受力分析

图 5-5（a）是活塞退出活塞套时的分部件示意图，其中包括带活塞和翼片的抗冲击

平板和带活塞套的测压管。活塞中心设有一细导水管 1，进口端位于平板中心，出口端伸出活塞头部，出口方向与轴向垂直。在平板上设有翼片 2，翼片在水流冲击下带动活塞旋转，因而克服了活塞在沿轴向滑移时的静摩擦力，提高了测力机构的灵敏度。装置还采用了双平板狭缝出流方式，活塞套上设有泄水窄槽 3，精确地引导射流的出流方向垂直于来流方向。图 5-5（b）是受力分析图。

【实验原理】

恒定总流动量方程为：

$$F = \rho Q (B_2 \vec{v}_2 - B_1 \vec{v}_1)$$

脱离体如图 5-5 所示，因滑动摩擦阻力水平分力 $F_f < 0.5\% F_x$，可忽略不计，故 x 方向的动量方程化为：

$$F_x = -p_c A = -\rho g h_c \frac{\pi}{4} D^2 = \rho Q (0 - \beta_1 v_{1x})$$

$$\beta_1 \rho Q v_{1x} - \frac{\pi}{4} \rho g h_c D^2 = 0$$

式中 h_c——作用在活塞形心处的水深；

      D——活塞的直径；

      Q——射流流量；

      v_{1x}——射流的速度；

      β_1——动量修正系数。

实验中，在平衡状态下，只要测得流量 Q 和活塞形心处的水深 h_c，由给定的管嘴直径 d 和活塞直径 D，代入上式，便可测定射流的动量修正系数 β_1 值，并验证动量定律。其中，测压管的标尺零点已固定在活塞的圆心处，因此液面标尺读数，即为作用在活塞形心处的水深。

【实验方法】

（1）准备。熟悉实验装置各部分名称、结构特征、作用性能，记录有关常数。

（2）开启水泵。打开调速器开关，水泵启动 2~3min 后，关闭 2~3s，以利用回水排除离心式水泵内滞留的空气。

（3）调整测压管位置。待恒压水箱满顶溢流后，松开测压管固定螺丝，调整方位，要求测压管垂直，螺丝对准十字中心，使活塞转动松快。然后旋转螺丝固定好。

（4）测读水位。标尺的零点已固定在活塞圆心的高程上。当测压管内液面稳定后，记下测压管内液压面的标尺读数，即 h_c 值。

（5）测量流量。用重量法测流量，每次时间要求大于 20s，需重复测三次取均值。

（6）改变水头重复实验。逐次打开不同高度上的溢水孔盖，改变管嘴的作用水头。调节调速器，使溢流量适中，待水头稳定后，按（3）~（5）步骤重复进行实验。

（7）验证 $v_{2x} \neq 0$ 对 F_x 的影响。取下平板活塞，使水流冲击到活塞套内，调整好位置，使反射水流的回射角度一致，记录回射角度的目估值、测压管作用水深 h_c 和管嘴作用水头 H_0。

【实验注意事项】

（1）若活塞转动不灵活，会影响实验精度，需在活塞与活塞套的接触面上涂抹 4B 铅笔芯。

（2）做"验证 $v_{2x} \neq 0$ 对 F_x 的影响"实验时，要轻拿轻放，以防损坏实验台。

【实验数据处理】

（1）记录有关常数：

管嘴内径 $d =$ _____ $\times 10^{-2}$ m；活塞直径 $D =$ _____ $\times 10^{-2}$ m。

（2）实验数据记录及计算结果列于表 5-6 中。

表 5-6　测量记录及计算表

测量次数	体积 V/cm^3	时间 t/s	管嘴作用水头 H_0/cm	活塞作用水头 h_c/cm	流量 Q /cm³·s⁻¹	流速 v /cm·s⁻¹	动量力 F /10⁻⁵N	动量修正系数 β
1								
2								
3								

【思考题】

（1）实测的平均动量修正系数与公认值（$\beta = 1.02 \sim 1.05$）是否符合？如不符合，试分析原因。

（2）带翼片的平板在射流作用下获得力矩，这对分析射流冲击无翼片的平板沿 x 方向的动量方程有无影响，为什么？

（3）若通过细导水管的分流，其出流角度与 v_2 相同，试问对以上受力分析有无影响？

实验 4　毕托管测速实验

毕托管是法国人毕托（H. Pitot）于 1732 年首创，并将其用于测量水的流速和船速。它具有结构简单、使用方便、测量精度高、稳定性好等优点。因而被广泛应用于液、气流的测量，测量水的流速为 0.2~2m/s，测量气体的流速为 1~60m/s。

　　光、声、电的测速技术及其相关仪器，虽具有瞬时性、灵敏、精度高以及自动化记录等诸多优点，且有些优点毕托管是无法达到的，但往往因其结构复杂，使用约束条件诸多及价格昂贵等因素，在应用上受到限制。尤其是传感器与电器在信号接收与放大过程中，是否失真，或者随使用时间长短、环境温度的改变是否飘移等，难以直观判断，致使可靠度难以把握，因而所有光、声、电测仪器，包括激光测速仪都不得不利用专门装置定期标定（有时是利用毕托管做标定）。

　　可以认为，毕托管测速至今仍然是最可信、最经济又简便的测速方法。

【实验目的】

（1）了解毕托管的构造和适用条件，掌握用毕托管测量点流速的方法。
（2）测定管嘴淹没出流时的点流速，学习测定毕托管流速修正系数的技能。

【实验原理】

　　毕托管的结构如图 5-6 所示，其测速原理如图 5-7 所示，它是一根两端开口的 90°弯管，下端垂直指向上游，另一端竖直，并与大气相通。由于液流在管口 2 处流速为零，动能转化为位能，迫使竖管液面升高，超出自由液面 Δh，而 1、2 两点间损失很小，予以忽略，故可据能量方程，有

$$0 + \frac{p_1}{\gamma} + \frac{u^2}{2g} = 0 + \frac{p_2}{\gamma} + 0$$

及

$$\frac{p_2}{\gamma} - \frac{p_1}{\gamma} = \Delta h$$

由此得

$$u = \sqrt{2g\Delta h}$$

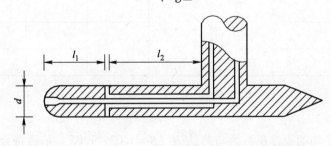

图 5-6　毕托管结构图

　　由于毕托管在生产过程中产生结构误差，以及在水中引起的扰动影响等原因，用毕托管测得流速可能会偏离实际流速，故每台仪器均须经过专门标定，得出一个修正系数，由毕托管测得流速乘以一个修正系数 c，便得到实际流速 u。

即

$$u = c\sqrt{2g\Delta h} = k\sqrt{\Delta h}$$
$$k = c\sqrt{2g} \tag{5-6}$$

式中　u——毕托管测点处的点流速；
　　　c——毕托管的修正系数；
　　　Δh——毕托管全压水头与静压水头之差。

另外，对于管嘴淹没出流，管嘴作用水头、流速系数与流速之间又存在着如下关系：

$$u = \varphi' \sqrt{2g\Delta H} \qquad (5\text{-}7)$$

式中　u——测点处的点流速；

　　　φ'——测点处流速系数，为已知值，管嘴出口中心处 $\varphi' = 0.996$；

　　　ΔH——管嘴的作用水头。

联解式（5-6）、式（5-7）得

$$\varphi' = c\sqrt{\Delta h / \Delta H}$$

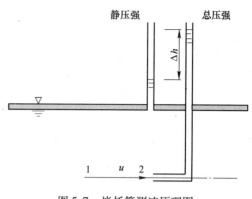

图 5-7　毕托管测速原理图

故本实验仪只要测出 Δh 与 ΔH，便可测得点流速系数 φ'，与实际流速系数比较，便可得出测量精度。

若需标定毕托管修正系数 c，则有

$$c = \varphi' \sqrt{\Delta H / \Delta h}$$

【实验装置】

毕托管测速实验装置及各部分名称如图 5-8 所示，经淹没管嘴 6 将高、低水箱水位差的位能转换成动能，并用毕托管测出其点流速值。测压计 10 的测压管 a、b 用以测量高、低水箱位置水头，测压管 c、d 用以测量毕托管的全压水头和静压水头，水位调节阀 4 用以改变测点的流速大小。

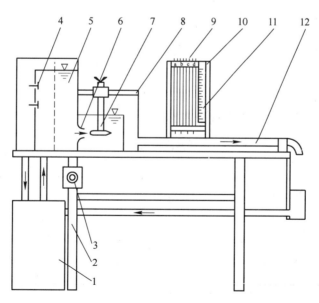

图 5-8　毕托管测速实验装置图

1—自循环供水器；2—实验台；3—可控硅无级调速器；4—水位调节阀；
5—恒压供水箱；6—管嘴；7—毕托管；8—尾水箱与导轨；
9—测压管；10—测压计；11—滑动测量尺；12—上回水管

【实验方法】

（1）准备：1）熟悉实验装置各部分名称、作用性能，搞清构造特征、实验原理；2）用医用塑管将上、下游水箱的测点分别与测压计中的测管 a、b 相连通；3）将毕托管对准管嘴，距离管嘴出口处约 2～3cm，上紧固定螺丝。

（2）开启水泵。顺时针打开调速器开关 3，将流量调节到最大。

（3）排气。待上、下游溢流后，用吸气球（如医用洗耳球）放在测压管口部抽吸，排除毕托管及各连通管中的气体，用静水匣罩住毕托管，可检查测压计液面是否齐平，液面不齐平可能是空气没有排尽，必须重新排气。

（4）测记各有关常数和实验参数，填入实验表格。

（5）改变流速。操作调节阀 4 并相应调节调速器，使溢流量适中，共可获得三个不同恒定水位与相应的不同流速。改变流速后，按上述方法重复测量。

（6）完成下述实验项目：

1）分别沿垂向和沿流向改变测点的位置，观察管嘴淹没射流的流速分布；

2）在有压管道测量中，管道直径相比毕托管的直径在 6～10 倍以内时，误差在 2% 以上，不宜使用。试将毕托管头部伸入到管嘴中，予以验证。

（7）实验结束时，按上述（3）的方法检查毕托管测压计是否齐平。

【实验注意事项】

（1）恒压水箱内水位要求始终保持在溢流状态，确保水头恒定。

（2）测压管后设有平面镜，侧记各测压管水头值时，要求视线与测压管液面及镜子中影像液面齐平，读数精确到 0.5mm。

【实验数据处理】

（1）记录有关常数：

毕托管的修正系数 $c =$ ＿＿＿＿＿＿＿；$k =$ ＿＿＿＿＿＿m$^{0.5}$/s。

（2）实验数据记录及计算结果列于表 5-7 中。

表 5-7　毕托管测速实验记录计算表

实验次序	上、下游水位计			毕托管测压计			测点流速 $(u = k\sqrt{\Delta h})$ /cm·s^{-1}	测点流速系数 $\varphi' = c\sqrt{\Delta h/\Delta H}$
	h_1 /cm	h_2 /cm	ΔH /cm	h_3 /cm	h_4 /cm	Δh /cm		
1								
2								
3								

【思考题】

（1）利用测压管测量点压强时，为什么要排气，怎样检验是否排净？

（2）毕托管的压头差 Δh 和管嘴上、下游水位差 ΔH 之间的大小关系怎样，为什么？

（3）所测的流速系数 φ' 说明了什么？

（4）为什么在光、声、电技术高度发展的今天，仍然常用毕托管这一传统的流体测速仪器？

实验5 雷诺实验

雷诺对不同管径、不同黏性液体做了大量的实验，得出了用无量纲参数作为管流流态的判据。他不但深刻揭示了流态转变的规律，而且还为后人用无量纲化的方法进行实验研究树立了典范。

雷诺完成了下临界雷诺数的测定，以及是否为常数的验证。于是，无量纲数 vd/ν 便成了适合于任何管径、任何牛顿流体的流态转变的判据。由于雷诺的贡献，将 vd/ν 定名为雷诺数。

随着量纲分析理论的完善，利用量纲分析得出无量纲参数，研究多个物理量间的关系，成了现今实验研究的重要手段之一。

【实验目的】

（1）观察层流、紊流的流态及其转换特征。

（2）测定临界雷诺数，掌握圆管流态判别准则。

（3）学习古典流体力学中应用无量纲参数进行实验研究的方法，并了解其实用意义。

【实验原理】

圆管雷诺数为：

$$Re = \frac{vd}{\nu} = \frac{4Q}{\pi d\nu} = KQ$$

$$K = \frac{4}{\pi d\nu}$$

式中 v——流体流速；

   ν——流体黏度；

   d——圆管直径；

   Q——圆管内流量。

雷诺曾用多种管径的管道和不同的液体进行试验，发现临界流速随管径 d 和运动黏滞系数 ν 而变化，但 $v_c d/\nu$ 值却较为固定，用 Re_c 表示，即

$$Re_c = \frac{v_c d}{\nu}$$

由于临界流速有两个，故临界雷诺数也有两个，当流量由零逐渐开大，产生一个上临界雷诺数；当流量由大逐渐关小，产生一个下临界雷诺数。上临界雷诺数受外界干扰，数值不稳定；而下临界雷诺数 Re_c 值比较稳定。雷诺经反复测试，测得圆管水流下临界雷诺数 Re_c 值为2320。因此一般以下临界雷诺数作为判别流态的标准。当 $Re < Re_c = 2320$ 时，管中液流为层流；当 $Re > Re_c = 2320$ 时，管中液流为紊流。

【实验装置】

雷诺实验装置如图5-9所示，供水流量由无级调速器调控，使恒压水箱4始终保持微溢流的程度，以提高进口前水体稳定度。本恒压水箱还设有多道稳水隔板，可使稳水时间缩短到3~5min。有色水经水管5注入实验管道8，可据有色水散开与否判别流态。为防止自循环水污染，有色指示水采用自行消色的专用色水。

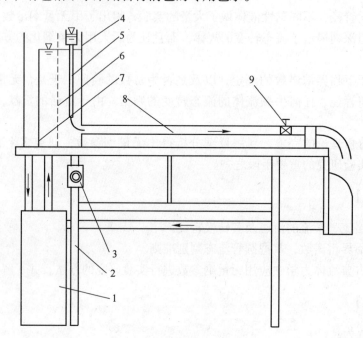

图5-9　雷诺实验台结构简图

1—自循环供水器；2—实验台；3—可控硅无级调速器；4—恒压水箱；
5—有色水水管；6—稳水孔板；7—溢流板；8—实验管道；9—实验流量调节阀

【实验方法】

（1）观察两种流态。打开开关3使水箱充水至溢流水位，经稳定后，微微开启调节阀9，并注入颜色水于实验管内，使颜色水流成一直线。通过颜色水质点的运动观察管内水流的层流流态，然后逐步开大调节阀，通过颜色水直线的变化观察层流转变到紊流的水力特征，待管中出现完全紊流后，再逐步关小调节阀，观察由紊流转变为层流的水力特征。

（2）测定下临界雷诺数。

1）将调节阀打开，使管中呈完全紊流，再逐步关小调节阀使流量减小。当流量调节到使颜色水在全管刚呈现出一稳定直线时，即为下临界状态；

2）待管中出现临界状态时，用体积法测定流量；

3）根据所测流量计算下临界雷诺数，并与公认值（2320）比较，偏离过大，需重测；

4）重新打开调节阀，使其形成完全紊流，按照上述步骤重复测量不少于三次；

5）同时用水箱中的温度计测记水温，从而求得水的运动黏度。

（3）测定上临界雷诺数。逐渐开启调节阀，使管中水流由层流过渡到紊流，当色水线刚开始散开时，即为上临界状态，测定上临界雷诺数 1~2 次。

【实验注意事项】

（1）每调节阀门一次，均需等待稳定几分钟。
（2）随出水流量减小，应适当调小开关（右旋），以减小溢流量引发的扰动。
（3）关小（开大）阀门过程中，只许渐小（渐大），不许开大（关小）。

【实验数据处理】

（1）记录、计算有关常数：

管径 $d =$ ＿＿＿＿＿ cm；水温 $t =$ ＿＿＿＿＿℃；

运动黏度 $\nu = \dfrac{0.01775}{1 + 0.0337t + 0.000221t^2} =$ ＿＿＿＿＿ cm^2/s；

计算常数 $K =$ ＿＿＿＿＿ s/cm^3。

（2）整理、记录实验数据表（见表 5-8）。

表 5-8　实验数据记录表

实验次序	颜色水线形态	水体积 V/cm^3	时间 t/s	流量 $Q/cm^3 \cdot s^{-1}$	雷诺数 Re	阀门开度增（↑）或减（↓）	备　注
1							此三次测量为下临界测定
2							
3							
4							此次测量为上临界测定

实测下临界雷诺数（平均值）$\overline{Re_c} =$

注：颜色水形态指稳定直线、稳定略弯曲、直线摆动、直线抖动、断续、完全散开等。

【思考题】

（1）流态判据为何采用无量纲参数，而不采用临界流速？
（2）为何认为上临界雷诺数无实际意义，而采用下临界雷诺数作为层流与紊流的判据，实测下临界雷诺数为多少？
（3）雷诺实验得出的圆管流动下临界雷诺数为 2320，而目前有些教科书中介绍采用的下临界雷诺数为多少？
（4）试结合紊动机理实验的观察，分析由层流过渡到紊流的机理。
（5）分析层流和紊流在运动学特性和动力学特性方面各有何差异？

实验 6　局部阻力损失实验

实际液体运动要比理想液体复杂得多，液体间存在着阻力，而阻力做功过程就会将一部分机械能不可逆地转化为热能散失掉，形成能量损失，即水头损失。实际输水系统的管道或渠道中经常设有异径管、三通、闸阀、弯道、格栅等部件或构筑物。在这些局部阻碍处均匀流遭受破坏，引起流速分布的急剧变化，甚至会引起边界层分离，产生漩涡，从而形成形状阻力和摩擦阻力，即局部阻力，由此产生局部水头损失。

由于局部水头损失的形式（如断面变化、弯头、阀门等）多种多样，引起水流结构的变化也是不同的，因此局部水头损失难以做一般分析，而需要个别处理，除少数几种情况可以用理论结合实验计算外，绝大部分断面均须由实验来测定。

【实验目的】

（1）掌握三点法、四点法测量局部阻力系数的技能。

（2）通过对圆管突扩局部阻力系数的包达公式和突缩局部阻力系数的经验公式的实验验证与分析，熟悉用理论分析法和经验法建立函数式的途径。

（3）加深对局部阻力损失机理的理解。

【实验原理】

列出局部阻力前后两断面的能量方程，再依据推导条件，扣除两断面间的沿程水头损失，即可得该局部阻力的局部水头损失。

（1）突扩断面。本实验仪采用三点法计算。如图 5-10 所示三测点 1、2、3 之间 1、2 点间距为 2、3 点间距的一半，故 h_{f1-2} 按流长比例换算得出 $h_{f1-2} = h_{f2-3}/2$。

根据实测，建立 $1-1$，$2-2$ 两断面能量方程为：

$$Z_1 + \frac{p_1}{\gamma} + \frac{\alpha v_1^2}{2g} = Z_2 + \frac{p_2}{\gamma} + \frac{\alpha v_2^2}{2g} + h_{je} + h_{f1-2}$$

即

$$h_{je} = \left[\left(Z_1 + \frac{p_1}{\gamma} \right) + \frac{\alpha v_1^2}{2g} \right] - \left[\left(Z_2 + \frac{p_2}{\gamma} \right) + \frac{\alpha v_2^2}{2g} + h_{f1-2} \right] \tag{5-8}$$

$$\zeta_e = h_{je} \bigg/ \frac{\alpha v_1^2}{2g} \tag{5-9}$$

又据理论公式——包达公式有：

$$\zeta_e' = \left(1 - \frac{A_1}{A_2} \right)^2 \tag{5-10}$$

$$h_{je}' = \zeta_e' \cdot \frac{\alpha v_1^2}{2g} \tag{5-11}$$

比较由式（5-8）、式（5-11）得出的结果值，则可获知突扩段的实验精度。

（2）突缩断面。本实验仪采用四点法布阵计算。B 点为突缩点，四点 3、4、5、6 之间，4、B 点间距与 3、4 点间距相等，B、5 点间距与 5、6 点间距相等。h_{f4-B} 由 h_{f3-4} 按长度比例换算得出，h_{fB-5} 由 h_{f5-6} 按长度比例换算得出：$h_{f4-B} = h_{f3-4}$，$h_{fB-5} = h_{f5-6}$。

根据实测，建立 B 点突缩前后两断面能量方程为：

$$Z_4 + \frac{p_4}{\gamma} + \frac{\alpha v_4^2}{2g} - h_{f4-B} = Z_5 + \frac{p_5}{\gamma} + \frac{\alpha v_5^2}{2g} + h_{fB-5} + h_{js}$$

即

$$h_{js} = \left[\left(Z_4 + \frac{p_4}{\gamma} \right) + \frac{\alpha v_4^2}{2g} - h_{f4-B} \right] - \left[\left(Z_5 + \frac{p_5}{\gamma} \right) + \frac{\alpha v_5^2}{2g} + h_{fB-5} \right] \tag{5-12}$$

$$\zeta_s = h_{js} \bigg/ \frac{\alpha v_5^2}{2g} \tag{5-13}$$

又由突缩断面局部水头损失经验公式有：

$$\zeta_s' = 0.5 \left(1 - \frac{A_5}{A_4}\right)^2 \tag{5-14}$$

$$h_{js}' = \zeta_s' \cdot \frac{\alpha v_5^2}{2g} \tag{5-15}$$

比较由式（5-12）、式（5-15）得出的结果值则可获知突缩段实验精度。

【实验装置】

局部水头损失实验装置如图 5-10 所示，实验管道由小→大→小三种已知管径的管道组成，共设有六个测压孔，测孔 1~3 和 3~6 分别用以测量突扩和突缩的局部阻力系数。其中测孔 1 位于突扩界面处，用以测量小管出口端压强值。测点设计为三点法布置和四点法布置，并在管道上布设排气阀，使排气顺畅方便。

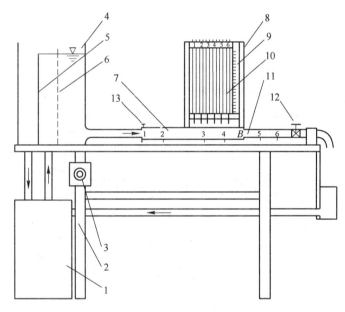

图 5-10 局部水头损失实验装置简图

1—自循环供水器；2—实验台；3—可控硅无级调速器；4—恒压水箱；5—溢流板；
6—稳水孔板；7—突扩实验管；8—测压计；9—滑动测量尺；10—测压管；
11—突然收缩实验管段；12—实验流量调节阀；13—上气阀

【实验方法】

（1）打开电子调速器开关，使恒压水箱充水，排除实验管道中的滞留气体。待水箱溢流后，检查泄水阀全关时，各测压管液面是否齐平，若不平，则需排气调平。

（2）打开泄水阀至最大开度，待流量稳定后，测记测压管读数，同时用体积法测记流量。

（3）改变泄水阀开度 3~4 次，分别测记测压管读数及流量。

（4）实验完成后关闭泄水阀，检查测压管液面是否齐平，若不齐平，需重做。

【实验注意事项】

（1）恒压水箱内水位要求始终保持在溢流状态，确保水头恒定。

（2）测压管后设有平面镜，测记各测压管水头值时，要求视线与测压管液面及镜子中影像液面齐平，读数精确到 0.5mm。

【实验数据处理】

（1）记录、计算有关常数：

$d_1 = D_1 = $ _____ cm；$d_2 = d_3 = d_4 = D_2 = $ _____ cm；

$d_5 = d_6 = D_3 = $ _____ cm；$l_{1-2} = 12$cm；$l_{2-3} = 24$cm；

$l_{3-4} = 12$cm；$l_{4-B} = 6$cm；$l_{5-B} = 6$cm；$l_{5-6} = 6$cm；

$$\zeta'_e = \left(1 - \frac{A_1}{A_2}\right)^2 = \underline{\hspace{5cm}};$$

$$\zeta'_s = 0.5\left(1 - \frac{A_5}{A_4}\right)^2 = \underline{\hspace{6cm}}。$$

（2）整理、记录计算表（见表 5-9 和表 5-10）。

（3）将实测 ζ 值与理论值（突扩）或公认值（突缩）比较。

表 5-9　记录表

实验次序	流量			测压管读数/cm					
	体积/cm³	时间/s	流量/cm³·s⁻¹	1	2	3	4	5	6
1									
	平　均　值								
2									
	平　均　值								
3									
	平　均　值								

表 5-10 计算表

阻力形式	次序	流量 /cm³·s⁻¹	前断面		后断面		h_j /cm	ζ /cm	h'_j /cm
			$\dfrac{av^2}{2g}$ /cm	E /cm	$\dfrac{av^2}{2g}$ /cm	E /cm			
突然扩大	1								
	2								
	3								
突然缩小	1								
	2								
	3								

【思考题】

（1）结合实验成果，分析比较突扩与突缩在相应条件下的局部损失大小关系。

（2）结合流动仪演示的水力现象，分析局部阻力损失机理。产生突扩与突缩局部阻力损失的主要部分在哪里，怎样减小局部阻力损失？

（3）试说明用理论分析法和经验法建立相关物理量间函数关系式的途径。

实验 7　复杂管道连接综合实验

有分支的管路称为复杂管路。工程设备上常见的管路都是复杂管路，管路的布置与管道之间的连接方式是十分复杂的，管路计算也复杂得多。对于复杂管路计算的原则有两点：其一是流量平衡，即质量守恒；其二是在管路的每一个分支节点上，由此分支的管流，单位质量的流体在此具有的机械能是一样的，因此可将复杂管路简化为简单管路计算。

任何复杂管路都是由简单的管路经串联、并联组合而成，因此研究串联、并联管路的流动规律很重要。

【实验目的】

（1）验证串联管路和并联管路流量的分配规律。

（2）通过对管路阻抗的测定，进一步加深对复杂管路计算方法的理解。

【实验装置】

复杂管道连接综合实验装置如图 5-11 所示。实验台采用有机玻璃材质，方便观察管内流动状况，测压管配有可移动的标尺，便于测量每个测压管的水头。

【实验原理】

A　串联管路

串联管路是由许多简单的管路首尾相接组合而成，如本实验台中的管 A 与管 B、管 A

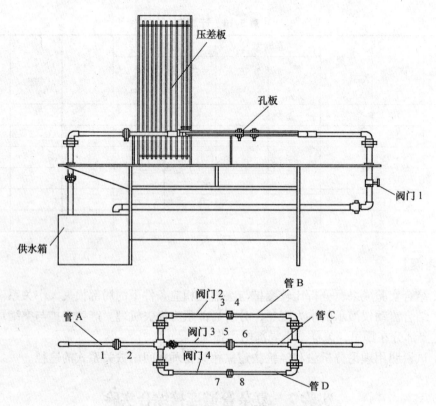

图 5-11 复杂管道连接综合实验装置图

与管 C、管 A 与管 D，在串联管路中当 ρ 为常数时，流入的体积流量等于流出体积流量。对任意的第 i 条支路，其流量关系为：

$$Q_A = Q_i$$

式中 Q_A——流过管路 A 的流量；

Q_i——无中途分流或合流时管 i 的流量。

水头损失分配规律为：

$$h_f = \sum h_{fi}$$

式中 h_f——串联管路总水头损失；

h_{fi}——串联管路支管水头损失。

B   并联管路

本实验台中管 B、管 C、和 D 构成并联管路。管路中的流量分配规律是：

$$Q = \sum Q_i$$

式中 Q——并联管路的总流量；

Q_i——并联管路支管流量。

管路水头损失为：

$$h_f = \lambda \frac{l}{d} \frac{v^2}{2g} = \lambda \frac{l}{d} \frac{(Q/A)^2}{2g} = \lambda \frac{l}{d} \frac{1}{2gA^2} Q^2 = SQ^2$$

式中 h_f——某管路水头损失；

S——该管路阻抗；

Q——该管路中所通过流量。

对于并联管路，各支管的水头损失相等且等于系统的总损失，即

$$h_f = h_{f1} = h_{f2} = h_{f3} \quad 或 \quad SQ^2 = S_1 Q_1^2 = S_2 Q_2^2 = S_3 Q_3^2$$

【实验方法】

（1）串联：

1）关闭阀门 2、阀门 4；

2）启动水泵；

3）调整阀门 1 和阀门 3，记录测点 3、测点 4 和测点 2 的测压管读值（注意阀门不可关闭过小）。

（2）并联：

1）启动水泵；

2）将阀门 1 调整至适当开度（应大些），调整阀门 2、阀门 3 和阀门 4，调整后记录 3 组读数。

【实验注意事项】

（1）实验开始前，将管道上所有的孔板流量计上的参数记录在实验装置图相应的位置上。

（2）调节阀门的时候一定要轻轻转动，以免测压管中的水溢出。

【实验数据处理】

记录实验台有关参数，将实验数据及处理结果记入表 5-11 ~ 表 5-13。

表 5-11　串联管路数据记录表　　（cm）

次　序	测点读值				测压管水头差	
	h_1	h_2	h_5	h_6	Δh_{1-2}	Δh_{5-6}
1						
2						
3						

表 5-12　并联管路数据记录表　　（cm）

次序	测点读值								测压管水头差			
	h_1	h_2	h_3	h_4	h_5	h_6	h_7	h_8	Δh_{1-2}	Δh_{3-4}	Δh_{5-6}	Δh_{7-8}

表 5-13   并联管路流量记录计算表

次　序	流量/$m^3 \cdot s^{-1}$			
1	Q	Q_1	Q_2	Q_3
2				
3				

【思考题】

（1）分析串联、并联管路流量之间相互关系的正确性。

（2）本实验台是否能进行阻抗实验，为什么？

实验 8　气体管段流动多功能实验

风洞是一种产生人工气流的特殊管道。在这个管道内，速度最大最均匀的一段称为风洞的实验段，要进行实验的模型通过特殊的支架安放在风洞中。风洞是航空工业和其他工业上研究空气动力学问题的关键设备。

风洞的特点是空气的参数可以很准确地被控制，不受天气条件的影响。而且由于实验模型是固定的，所以测量数据所用的仪器比较简单，也可把实验对象分成各个部件进行各自单独的实验。

热工实验中用的风洞属于低速风洞，它的最大速度在 100m/s 以下，可以不考虑马赫数 Ma，只计雷诺数 Re。在这种风洞中对流动起主要作用的是气流的惯性力和黏性力，可压缩性的影响可以不计。为了使风洞结构简单，一般将作为流体力学实验用的低速风洞设计成开路式。

对收缩段的基本要求是气流沿收缩段流动时，流速单调增加，避免在洞壁上分离；收缩段出口处气流分布均匀且稳定；收缩段不宜太长，否则投资太大。收纳段出口处常有一段长度为 $0.4R$ 的平直段，这里 R 为实验段的半径。

实验段是风洞安放模型进行实验的地方。对实验段的要求是气流各个参数在实验段任一截面上能均匀分布，并且不随时间而变；气流方向与风洞轴线之间偏角尽可能小，紊流度满足实验要求，且模型易于装卸。实验段长度一般采用 $L = 1 \sim 1.5D_0$，D_0 为收缩段出口直径。

扩散段的作用是把气流的动能变成压力能。因为风洞损失与气流速度的三次方成比例，故气流通过实验段后应尽量减低它的流速，以减少气流在风洞非实验段中的能量损失。

蜂窝器（整流器）是用许多方形、圆形、六角形等截面的小格子组成，它的作用是将大旋涡变成小旋涡并对气流进行导向和整流。阻尼网的作用是降低气流的紊流度。

图 5-12 所示的风洞可提供一均匀的气体流动管段，通过更换实验模型可自行设计三个典型实验。

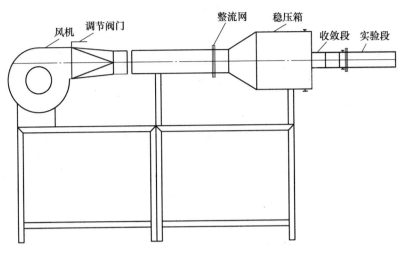

图 5-12　气体管段流动多功能实验台

1. 圆柱绕流表面压强分布测量实验

【实验目的】

（1）用多管压力计测量绕流圆柱体表面压强分布，绘制压力分布图并计算阻力系数。

（2）计算空气流速并与风速仪测量结果进行比较，验证实验结果的正确性。

（3）计算雷诺数，判断空气流动类型。

【实验装置】

本实验采用圆柱体作为实验模型，圆柱体开设一个引压孔，且圆柱体可绕其轴线转动，因而可将引压孔转动到任意位置。

【实验原理】

如图 5-13 所示空气被风机压入稳压箱，再进入实验段。不计重力影响的伯努利力方程为：

$$p_0 = p_\infty + \frac{1}{2}\rho V_\infty^2 = p + \frac{1}{2}\rho V^2$$

式中　p_0——稳压箱的压强；

　　　p_∞——来流段的压强；

　　　p——圆柱体表面测点的压强。

定义测点的压强系数为：

$$C_p = \frac{p - p_\infty}{\frac{1}{2}\rho V_\infty^2} = \frac{p - p_\infty}{p_0 - p_\infty}$$

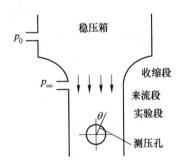

图 5-13　圆柱绕流实验

如图 5-14 所示，将稳压箱压强、来流段压强以及测点压强接至多管压差计，其测压液面读数 l_0、l_∞ 和 l 就可测出压差 $p - p_\infty$ 和 $p_0 - p_\infty$，就可以计算压强系数 C_p。

来流速度可以按照下式计算：

$$V_\infty = \sqrt{\frac{2}{\rho}(p_0 - p_\infty)} = \sqrt{\frac{\rho'}{\rho}(l_\infty - l_0)\cos\theta}$$

式中　ρ'——水的密度；

$\quad\quad\rho$——空气的密度；

$\quad\quad\theta$——多管压差计的铅直偏角。

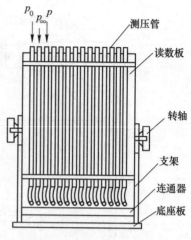

图 5-14　多管压差计示意图

物体的阻力可分为压差阻力和黏性阻力。紊流绕流发生边界层分离时，黏性阻力只占极小份额，因此物体阻力近似等于压差阻力。这样，单位长圆柱体阻力为：

$$F_D = F\int_0^{2\pi}(p_0 - p_\infty)R\cos\theta\mathrm{d}\theta$$

那么阻力系数为：

$$C_D = \frac{F_D}{\frac{1}{2}\rho V_\infty^2 \mathrm{d}l} = \frac{1}{2}\int_0^{2\pi}\frac{p - p_\infty}{\frac{1}{2}\rho V_\infty^2}\cos\theta\mathrm{d}\theta$$

测量时，将半圆弧分成 36 等份，每等份圆心角为 $\Delta\theta = 5°$，即 $\theta = 0°$，$5°$，$10°$，$\cdots$，$180°$，共 37 个测点。积分用梯形公式近似表示为：

$$C_D = \int_0^\pi C_p\cos\theta\mathrm{d}\theta = \frac{\pi}{36}\left[0.5(C_{p0} + C_{p36}) + \sum_{i=1}^{35}C_{pi}\cos\theta_i\right]$$

式中，C_{p_i} 为角度 θ_i 的测点的压强系数。

【实验方法】

（1）熟悉实验设备和仪器。

（2）接好测压计，将圆柱体上的测压孔转动到 $\theta = 0°$ 的位置。然后接通电源，开启风洞，调整风量，待气流稳定后开始读数。

（3）转动圆柱体，每隔 $\Delta\theta = 5°$ 读取一组数据。

（4）利用热球风速仪测量风速。

（5）实验结束时，关闭风机，断电。

【实验注意事项】

（1）实验过程中，不能改变风量的大小。

（2）轻轻转动圆柱体，以免测压管脱落。

【实验数据处理】

（1）将实验台相关数据以及实验测得数据记入表 5-14 和表 5-15。

（2）计算来流速度 V_∞、雷诺数以及各测点的压强系数。

（3）计算阻力系数，绘制压力曲线。

表 5-14　实验数据记录表（一）

圆柱体直径 /mm	气温 /℃	空气运动黏性系数 /m² · s⁻¹	稳压箱液柱高度（P_0） /mm	来流段液柱高度（P_∞） /mm
20				

表 5-15　实验数据记录表（二）

角度/（°）	液柱高度/mm	角度/（°）	液柱高度/mm
0		95	
5		100	
10		105	
15		110	
20		115	
25		120	
30		125	
35		130	
40		135	
45		140	
50		145	
55		150	
60		155	
65		160	
70		165	
75		170	
80		175	
85		180	
90			

2. 平板边界层实验

【实验目的】

（1）确定平板不同截面处边界层厚度，并测量边界层内速度分布剖面。

（2）在坐标纸上绘制平板不同截面处边界层厚度 δ 与截面距板前缘 χ 关系图，并说明此时边界层是否为层流边界层。

【实验原理】

普朗特首先认识到，即使在黏性很小的流体中剪切力也是重要的，因为在物体表面附近的很薄一层里，流体的速度必定从自由流速降到与表面接触的零流速。那么在这薄薄的一层内速度梯度必然很大，自然，剪切应力也就大。普朗特将该层称为边界层。在边界层和尾流以外的区域，速度梯度小，摩擦的效应也小。因此整个流场可以被分为两个区域：（1）边界层和尾流区域；（2）其余的部分，这个区域中剪切力小，可以忽略。位势流动理论可以在第二个区域中运用，但是（1）与（2）间的边界位置不能在理论上加以确定，因而实验测量边界层厚度是必要的。

边界层的发展受流动方向的正负压力梯度影响极大。但是对于风洞中的平板绕流流场而言，整个流动区域中的静压可以假设为常数。这时边界层流动有如下性质：

（1）边界层中的流动像管道中的流动一样，既可能是层流，也可能是湍流。

（2）层流边界层从平板前缘起可以维持到一定的距离，然后才转变到湍流状态。前缘到转捩点的距离 x_c 和很多因素有关，包括平板前缘的尖锐程度，流动中湍流的一般水准等，此外它还和临界雷诺数有关：

$$Re_c = \frac{V_\infty x_c}{\nu}$$

临界雷诺数在 $10^5 \sim 3 \times 10^6$ 之间。

（3）当速度提高的时候，给定点处的边界层变得更薄。

（4）在类似的环境下，湍流边界层比层流边界层厚，从固定表面扩展到未扰动流中更远的地方；然而在壁面上的速度梯度，流体作用在固定壁上的摩擦力却更大，因此，当边界层是湍流的情况下阻力系数更大。

（5）离开前缘较大的距离之后，边界层的厚度稳定增加。边界层厚度 δ 被定义为离开表面的距离，在这个距离内表面摩擦对主要流场的速度都有影响。通常 δ 被定义为从壁面至速度达到自由流速度99%处的距离。

（6）在边界层内，离板前缘不同距离 x 处的速度分布剖面是相似的，可以用一条无量纲速度分布曲线 $V = f(\eta)$ 来代表它们。y 方向垂直于板和来流方向。

层流边界层：

$$v = v(y)/v_\infty$$
$$\eta = y\sqrt{v_\infty/(vx)}$$

本实验在三维小风洞上进行，利用毕托管测量边界层内速度分布。实验中，若与毕托管相连的倾斜压力计（倾斜 α 角）两测压管液面之间的读数差为 ΔL，则有 $\Delta h = \Delta L\sin\alpha$，从而可以求得测点的流速为：

$$u = \sqrt{2g\Delta h} = \sqrt{2g\Delta L\sin\alpha}$$

【实验装置】

实验装置有毕托管、三维小型风洞、倾斜式压力计以及坐标架。

【实验方法】

（1）熟悉实验设备和仪器。

（2）接好毕托管、压力计。然后接通电源，开启风洞，调整风量，待气流稳定后开始测量。在实验过程中，不能改变风量的大小。

（3）在离板前缘较远处，选定一测量截面，测量该截面上的速度分布。测量时，首先向上移动毕托管的上下位置，使毕托管刚好与板面接触，此时毕托管与板面之间的距离恰为毕托管的半径。待倾斜压力计读数稳定后，记录压力计上的读数∇1、∇2，重复该过程，直至边界层厚度 δ 被测出。

（4）逆气流方向移动毕托管至新的测量位置，重复过程（3），测得各新截面上的速度分布和边界层厚度。

（5）将测得的数据进行分析、整理，并按一定的比例在坐标纸上点绘各截面上流速分布图和边界层厚度图。

【实验注意事项】

（1）实验中，毕托管距板前缘的距离应该足够大，否则边界层厚度与毕托管直径几乎一样大，所得速度剖面无意义。

（2）由于皮托管的孔小，压力计的读数稳定下来比较慢，需耐心等待。

【实验数据处理】

（1）记录实验台相关数据：

毕托管直径 d = ＿＿＿＿＿ cm；压力计倾斜角 α = ＿＿＿＿＿。

（2）将实验测得数据记入表 5-16。

表 5-16　实验数据记录表

实验截面距板前缘距离 χ /mm	截面自由来流速度 v_∞ /m·s^{-1}	测点到板面高度 y /mm	$\nabla L = \nabla1 - \nabla2$ /mm	$\nabla h = \nabla L\sin\alpha$ /cm	测点流速 u /m·s^{-1}	边界层厚度 δ /mm

3. 翼型表面压强分布实验

【实验目的】

（1）测量气流攻角 α = 0°、4°、8°和 12°的翼型表面压强分布。

（2）由压强分布计算升力系数。

（3）绘制攻角 α = 4°的翼型表面压强分布图。

【实验原理】

本实验台使用 NACA23015 二元翼型，其弦长 $C=140\text{mm}$，表面周长 $s_0=291.4\text{mm}$。翼型曲线形状如图 5-15 所示。测压孔的位置见表 5-17，其中 s 为表面曲线的弧长，从前缘的测点 1 起算，表中给出了各测点的 x，y，s 值。

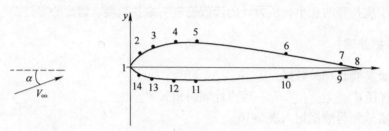

图 5-15 翼型示意图

表 5-17 测孔位置表

	测点	1	2	3	4	5	6	7	8
上表面	x/c	0	0.05	0.1	0.2	0.3	0.7	0.95	1
	y/c	0	0.06	0.076	0.095	0.1	0.05	0.01	0
	s/s_0	0	0.04	0.066	0.115	0.184	0.352	0.48	0.505
下表面	测点		14	13	12	11	10	9	
	x/c		0.05	0.1	0.2	0.3	0.7	0.95	
	y/c		−0.039	−0.052	−0.062	−0.057	−0.014	−0.008	
	s/s_0		0.969	0.942	0.892	0.844	0.65	0.63	

翼型安装在风洞的实验段上，将各测点的压强引到多管压差计上，便可以测量各点的压强系数。

如将测点 1 和 2 的压强接到多管压差计的两个测压管，则压差可由静力学公式求得：

$$p_1 - p_2 = \rho' g (l_1 - l_2) \cos\theta$$

式中 l_1，l_2——压强 p_1、p_2 对应的测压管液面读数；

           ρ'——压差计工作液体的密度；

           θ——多管压差计读数板的铅直偏角。

将稳压箱压强 p_0 和来流段压强 p_∞ 接至测压管，根据伯努利公式：

$$p_0 = p_\infty + \frac{1}{2}\rho V_\infty^2 = p + \frac{1}{2}\rho V^2$$

则有

$$V_\infty = \sqrt{\frac{2}{\rho}(p_0 - p_\infty)} = \sqrt{\frac{\rho'}{\rho}(l_\infty - l_0)\cos\theta}$$

于是

$$C_{\text{p}} = \frac{p - p_\infty}{\frac{1}{2}\rho V_\infty^2} = \frac{p - p_\infty}{p_0 - p_\infty} = \frac{l - l_\infty}{l_0 - l_\infty}$$

气流给予翼型的总合力在 y 轴上的分量称为升力。记做 F_L，紊流绕流中，黏性切应力对总合力的贡献仅占很小份额，因此，通常仅考虑压强的作用。

升力系数的定义为：

$$C_L = \frac{F_L}{\frac{1}{2}\rho V_\infty^2 A}$$

式中，A 是升力作用面的面积，对于二元翼型，升力的作用面等于弦长 C 乘以单位宽度。

根据翼型理论公式，升力与速度环量 Γ 的关系是 $F_L = \rho V_\infty \Gamma$，由此得到升力系数

$$C_L = \frac{2\Gamma}{V_\infty C}$$

按定义，环量 Γ 的表达式为：

$$\Gamma = \oint \vec{V} \cdot \vec{ds}$$

由翼型理论知，当升力 F_L 为正时，速度环量必为顺时针方向。因此，上式的封闭曲线积分应为顺时针方向。

在翼型上表面，气流速度与积分方向相同，而在下表面，速度与积分方向相反，因而由压强系数的定义

$$C_P = \frac{p - p_\infty}{\frac{1}{2}\rho V_\infty^2} = 1 - \left(\frac{V}{V_\infty}\right)^2$$

从而有

$$C_L = \frac{2\Gamma}{V_\infty C} = 2\frac{s_0}{C}\left[\int_{上面}\left(\frac{V}{V_\infty}\right)d\left(\frac{s}{s_0}\right) - \int_{下面}\left(\frac{V}{V_\infty}\right)d\left(\frac{s}{s_0}\right)\right]$$

令 $\xi = s/s_0$ 为无量纲的曲线弧长，则

$$C_L = 2\frac{s_0}{C}\left(\int_上 \sqrt{1 - C_{p上}}\,d\xi - \int_下\int_下 \sqrt{1 - C_{p下}}\,d\xi\right)$$

积分仍用梯形公式计算。

【实验装置】

实验装置有空气动力台，二元翼型，多管倾斜式压力计。

【实验方法】

（1）熟悉实验设备和仪器。

（2）接好测压计，将翼型体的气流攻角调整到 $\alpha = 0°$ 的位置。然后接通电源，开启风洞，调整风量，待气流稳定后开始读数。

（3）将翼型体的气流攻角调整到 $\alpha = 4°$、$8°$、$12°$，调整风量，待气流稳定后开始读数。

（4）实验结束时，关闭风机，断电。

【实验注意事项】

（1）实验过程中，不能改变风量的大小。

（2）轻轻调整翼型体的气流攻角，以免测压管脱落。

【实验数据处理】

（1）记录实验台相关数据：

气温 $t =$ ＿＿＿＿＿＿（°）；翼型弧长 $C =$ ＿＿＿＿＿＿ mm；

翼型表面周长 $s_0 =$ ＿＿＿＿＿＿ mm；压力计倾斜角 $\alpha =$ ＿＿＿＿＿＿；

测压管读数 $l_0 =$ ＿＿＿＿＿＿ mm；$l_\infty =$ ＿＿＿＿＿＿ mm；风速 $V_\infty =$ ＿＿＿＿＿＿ m/s。

（2）将实验测得数据记入表 5-18。

（3）比较测量得到的升力系数与标准升力系数，得到实验误差，并分析实验误差产生的原因。

表 5-18　实验数据记录表

测　点		χ/c	s/χ_0	$\alpha=0°$		$\alpha=4°$		$\alpha=8°$		$\alpha=12°$	
				l	C_p	l	C_p	l	C_p	l	C_p
上表面	1										
	2										
	3										
	4										
	5										
	6										
	7										
	8										
下表面	9										
	10										
	11										
	12										
	13										
	14										
升力系数 C_L	环量法										
	标准值										

美国国家宇航局给出的 NACA23015 翼型的升力系数 C_L 的标准值见表 5-19。

表 5-19　美国国家宇航局给出的 NACA23015 翼型的升力系数 C_L 的标准值

$\alpha/(°)$	0	2	4	6	8	10	12	14	16	17	18
C_L	0.12	0.31	0.56	0.75	0.94	1.17	1.37	1.53	1.67	1.70	1.84

【思考题】

（1）圆柱绕流表面压强分布测量实验方法的实验误差影响因素都包括哪些，主要影响因素是什么？

（2）圆柱绕流表面压强分布测量实验中，如将角度间隔加大，例如每隔10°测量一次，则阻力系数的计算结果将如何变化，测量角度对阻力系数的影响有哪些？

（3）采用对称角度测量的方法对圆柱绕流表面压强分布测量实验准确度的影响有哪些？

（4）平板边界层实验所测得的边界层是否为层流边界层，为什么？

（5）在平板边界层实验中，试考虑在风速变化的情况下，边界层将如何变化？

（6）在平板边界层实验中，实验截面距板前缘距离的选取对实验准确度的影响，如何选取最适合的实验截面距板前缘距离？

（7）在平板边界层实验中，如何选取测点到板面高度间隔？

实验9　氢气泡流态设计与显示测量实验

流体流动状态的观察是流体力学实验研究的一个重要方法。这类直接的观察技术常称为流动显示。流动显示的任务是把透明流体（如水和空气）中的流动现象和结构用图像显示，供人们理解和定性分析之用。

按照观察流体流动的物理学原理，可以把流动显示技术分为三大类：第一类是将微小的固体颗粒或液体质点引入被研究的流场中，然后借助光的反射或散射来观察流体质点的流动图像，称为粒子示踪法。氢气泡法也可属于此类。第二类是直接利用光束在流体中折射率的变化，来推断出流场中有关物理量的变化，这种方法应用于高速气流的显示。光干涉仪测量温度场，纹影仪显示密度场等就是这类技术应用的实例。第三类称为激光全息显示，它具有记录光波全部信息的能力，为解决三元流场的定量测量开辟了道路。

通过对流体流动状态的观察我们可以获得流动的感性认识，从而为建立数学模型，进行理论分析提供定性的和定量的实验资料，并且理论分析结果也需要通过实验观察检验。

【实验目的】

（1）了解、掌握氢气泡流动显示实验方法。

（2）对各类流场进行设计、演示和测量。

【实验原理】

A　氢气泡技术

氢气泡示踪技术是用于水洞、水槽、水池等水介质设备，是进行流动示踪显示的一种电控方法。可用作流动观察，也可作定量测量，可用于定常流动，也可用于非定常流动和来流脉动。对于水流速度为 $0.01 \sim 1 m/s$ 的低速都适用，具有容易操作、无感染、对流场影响小、可定量测量的优点。

（1）原理。在水中通电，使水电解，可产生氢气与氧气。阴极产生氢气泡，阳极产生氧化泡，由于氢气泡体积比氧气泡小得多，所以只利用氢气泡。用细金属导线作为阴极放在需要观察水流的地方，阳极可做成任意形状放在远处水中，在两极间施加电压，则在阴极丝上产生大量细小的氢气泡随水流动。这些细小氢气泡便清晰地显示出流场形态，并进一步测量。

（2）电极。阳极可用任何金属板做成，常用铜、铂、不锈钢等，用作阴极丝的细导线可用铂丝，钨丝或不锈钢丝。通常认为氢气泡直径与阴极丝直径相近，考虑到氢气泡小，其上浮作用小，跟随性好，在低速时应采用较细的阴极丝。在速度较高的水流中可采用阴极丝，水流速度为 $1 \sim 25 \mathrm{cm/s}$ 时，阴极丝直径不大于 $0.01 \sim 0.5 \mathrm{mm}$，可忽略氢气泡上浮效应。

如果将阴极丝等间隔地加以绝缘，或将阴极丝处理成齿形状，并施加不同形式的电压，便于工作，可得到各种流迹图像。

（3）电压。通常在两电极之间所用的工作电压为 $40 \sim 110 \mathrm{V}$。其实氢气泡量的多少仅与电流强度有关，而与两极间电压值无关。改变电压也是通过改变电流来控制氢气泡的多少。在同样的电压下改变水温、水的导电率、两极间的距离等都能改变电解电流强度，从而改变氢气泡量的多少。

（4）水质。普通洁净的自来水即可用做电解，但自来水中杂质较多，为取得更好的效果，可将自来水过滤一下或放在桶中静置 $2 \sim 3$ 天，然后倒出上层清水使用。如果需要增加水的电解导电源，可在水中加入少量硫酸钠。

（5）速度的测量。如果使阴极丝垂直于流动方向，在电极间加上周期性脉冲电压，在阴极丝上使产生出一排排氢气泡条带的宽度 s，可从照片上量出，脉冲宽度或脉冲间隔，可从频率计上读出，则流动速度为：$v = \dfrac{\Delta s}{\Delta t}$。

（6）光源。适当的光源对于观察或照相是重要的，通常采用碘钨灯或聚光灯即可，作为片光源的铟灯更好。

B　酚兰显示技术

酚兰显示技术是利用酚兰溶液这种化学指示剂在酸、碱性溶液中能呈现不同颜色的特点来显示流场的技术。化学指示剂种类很多，由于酚兰使用最广泛，故常称酚兰显示技术。由于这种方法不改变染色的密度具有中性浮力，特别适合极低速度的流动显示。如速度在每秒几厘米以下，使用此种技术较好。

（1）原理。由于化学指示剂能随溶液的酸度不同而呈现不同颜色，是溶液酸度值（pH 值）的指示剂，在电解水时，水中的氢离子向负极集积，吸收电荷后变成氢原子形成氢气逸出，这就使负极附近的溶液中留下过量的氢氧根离子，因此阴极丝附近的指示剂溶液立即呈碱性颜色。采用酚兰作指示剂时随着水流在阴极丝附近产生蓝黑色条纹，从而达到显示流场的目的。

（2）溶液的配置。化学指示剂品种很多，常用的有百里酚兰（麝香草酚兰），配置溶液时，先按水的总量称出 $0.01\% \sim 0.04\%$ 的百里酚兰溶解于少量酒精之中，然后再倒入水中。它在中性时为淡黄色，加酸呈橘黄色（$\mathrm{pH} \approx 8.0$）。在碱性溶液中呈蓝色（$\mathrm{pH} \approx 9.6$）这时溶液 pH 值必须进行调整，先一滴一滴地加入 NaOH 溶液，使溶液呈深蓝色，然后再一滴一滴加入 HCl 溶液。使溶液刚刚好由蓝色转为橘黄色，这时溶液可供实验使用。

（3）阴极丝及电压。为了使用阴极丝对流场的干扰尽可能小，丝的直径以 $0.01 \sim 0.1 \mathrm{cm}$ 为宜。

电压过高可使染色加深，但氢离子在阴极形成大量的氢气泡逸出，将严重干扰流场，因此两极电压在 5V 左右为宜，不宜过高，尽量避免产生过多的氢气泡。

（4）优缺点。优点：适合极低速度下的流动显示，在液体中不必加第二种物质，无沉降效应，图像清晰，溶液可反复使用。缺点：不宜在流速大、工作液体流失的场合使用，阴极丝上逸出氢气泡，多少对流场有些干扰，反应滞后，用电脉冲测出流场速度分布将会有百分之几的误差。

【实验装置】

实验装置简图如图 5-16 所示，整个设备包括回路式槽体、槽体台架，方波发生器及光源。槽体由实验段、驱动电机、轴流泵叶轮、第一拐角段、扩大散段、第二及第三拐角段、蜂窝器、收缩段、阻尼网组成，在第二及第三拐角段上装有两组导向叶片，并装有排气管及排水阀门。

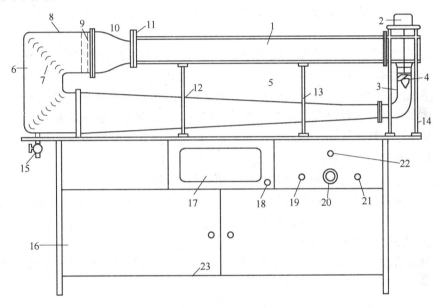

图 5-16　氢气泡流态设计与显示实验装置

1—实验段；2—驱动电机；3—第一拐角段；4—流泵叶轮转；5—扩散段；6—第二及第三拐角段；
7—导流片；8—排管；9—蜂窝器；10—收缩段；11—阻尼网；12，13—支架；14—电机支架；
15—排水阀门；16—槽体台架；17—方波发生器；18—转换开关；19—电机启动开关；
20—流速调节旋钮；21—保险丝盒；22—指示灯；23—模型柜

实验段长度为 1300mm，宽为（140±5）mm，深 100mm，收缩段的收缩比为 1:3.24，实验段内最高流速为 26m/s，可连续调节扩散段的扩散角。

整个槽体全长 2010mm，高度为 500mm，由有机玻璃制成，实验段采用航空有机玻璃，透明性好。槽体的各段之间用法兰连接，法兰盘之间用聚氨酯橡胶密封，后用螺栓紧固。阻尼网采用细尼龙网，可抽出冲洗。

槽体台架由角钢及喷塑钢板制成。台面由防渗水台板制成，台架上层安放氢气泡方波发生器，后置一正负电极反向开关，上层右边装有电机电源开关及流速调节钮，用以调节水槽内的流速。

光源由光源支架及聚光灯组成，光源支架平台可任意调节照射位置和角度。

本设备可用于下列实验演示：

（1）显示与测量槽道（或管道）内部矛盾的流动情况，可观察直槽道入口段流动及完全发展的流动。弯曲槽道内的二次流，收缩扩张通道内的速度分布。

（2）显示与测量平面（或曲面）层流边界层内的速度分布。

（3）显示与测量绕圆柱的流动及顺排管，叉排管的流动，可观察边界层分离及尾流。

（4）显示与测量绕机翼的流动。

（5）显示与测量通过叶栅内的二次流。

（6）可用于平板热边界层的实验演示，安装测量架，利用测温探头可测得热边界层内的温度分布，也可显示热尾流。

【实验方法】

（1）使用前将水槽用自来水冲洗干净，去掉槽体上的浮尘，实验段壁面可用干净软布擦洗，使其光洁透亮。

（2）将经过沉淀的自来水或已配制好的水溶液去沉积物慢慢倒入槽体实验段，待实验段内水面高出收缩段出口的约1cm，拔出阻尼网，插入闸板，启动电动机使轴流泵叶轮转动。这时拐角段6内水面上升（此时排气管通大气），待水面升到拐角段上表面，将该段内空气已基本排出时，封闭排气管。关闭电机开关，取出闸板，插入阻尼网。将模型放入槽中（若模型上有浮尘，需先用自来水冲洗），根据需要安置好阴极丝和阳极板，并分别连接方波发生器的阴、阳极。

（3）打开电机开关，并调节流速旋钮，使流动达到需要的速度。

（4）打开光源开关，对氢气泡显示，使用白昼聚光灯光源，调整光源位置，光柱的幅度及高低，遮去不需要的光，尽量造成黑暗的背景。对于pH值显示，将日光灯盒置于水槽工作段下部，代替聚光灯照明。

（5）打开方波发生器电源开关，调节电压旋钮，使阴极丝上出现氢气泡（或染色线条）。

（6）调整方波发生器的频率调节和幅值调节电位器，使方波的频率和幅度值达到所需要的形式，如果不需要脉冲形式，可改为直流，此时氢气泡或染色线条连续出现。

（7）调节方波发生器电压，使阴极丝上出现的氢气泡或染色线条均匀细密。如果在实验过程中阴极丝上出现较多的附着氢气泡，则可将极性转换开关扳到反相位置，十多秒钟（不要超过30s）丝上的沉积物即可消失，再将极性开关扳回。继续进行试验观察。如果氢气泡仍大而稀疏，上浮严重或染色线条边缘不清楚，经过电压调节也得不到改善，可用水磨砂纸在阴极丝上轻擦（对于较粗的钨丝等可如此处理，很细的阴极丝可用毛笔扫除）。若处理后氢气泡情况仍得不到改善，则必须更换水溶液。

（8）实验完毕逐一关掉电源，取出模型和阴极丝和阴极片，盖上罩子。若较长时间不做实验，还应将槽中的酚兰溶液放入专用的容器内盖好，以便下次再用，可保存一个月左右。

【实验注意事项】

（1）注意阴极丝与阳极片不能短路。

（2）更换模型时需关掉电机和氢气泡方波发生器电源，更换完毕后再重新启动。

（3）电机部分一般不要拆卸，如果叶轮偏心，可调整电机座的螺杆，使其转动平稳。

【方波发生器简介】

方波发生器是流场显示出发生氢气泡的电源装置，可对流场进行观察，并进行拍照及录像，可精确地测量方波的宽度和频率，以便于工作进行定量分析。具有结构简单，性能可靠，产生的方波波形前后沿较好，频率和脉宽调节时相互影响小，输出电压调节范围大，面板上装有直流电压表和电流表，使用方便等特点。

（1）主要技术性能：

输出电压：3~150V（分11挡）；

频率调节范围：1~50Hz（分7挡）；

脉宽调节范围：1~350ms（分7挡）；

工作电压：220V，50Hz；

功耗：≤120W；

脉冲输出最大峰值电流：≤1A；

直流输出最大电流：≤0.5A。

（2）工作原理。电路方框图如图5-17所示。

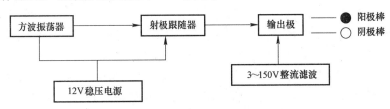

图5-17　电路方框图

方波发生器是采用FC3集成运放的自激振荡器，决定振荡频率和波形脉宽的充电与放电回路相对独立，使调整频率和脉宽时相互影响较小。方波和直流输出的转换，通过改变射极跟随器的偏置电路来实现。输出级采用单独的可变电源供电，使输出方波的幅度从2V至140V可调。为了清除阴极丝上附着的气泡，采用极性转换开关，用以改变阳极棒（片）和阴极丝上电压的极性。

（3）使用开关：

1）开机前应检查电压调节旋钮，使之放置最低挡，开机使用后，根据需要逐渐升高，使用时不允许将输出阳极和阴极短路，以免损坏大功率管。

2）使用时负载上的最大方波峰值电流不可超过0.8A，若该电流的测定由于表头指针的惯性而测不准时，可将"方波—直流"开关放置直流挡，此时直流电流表所示值，便是方波的峰值电流值。

3）若是采用直流输出，则直流电流表指示的数值，不可超过0.5A（若短时间使用，不超过0.8A）。

4）使用时，根据需要选择脉宽频率粗调的挡次，其面板上所标频率的数值，仅仅是该挡频率变化范围的一个中间值，所以只能表示该挡频率的大概数值，选好挡次后，再进行频率调节和脉宽调节。二者配合，以取得最佳效果，若要精确测定频率和脉宽数值，可在背板上"频率监视"插孔接入数字频率计。

6　工程热力学实验

随着生产和科学技术的发展，动力、化工、冶金等部门越来越多的技术领域需要研究其遇到的热力学问题。例如，在各种技术领域中，采用的工作物质的种类越来越多，参数范围扩大，要求改善热力过程。因此，工程热力学不论在理论研究方面，还是在实验研究方面都要进行大量的工作。工程热力学实验包括测定物质的热力学性质和研究热力过程等内容。

在工程热力学实验中，状态参数和热量是基本的测量项目。单一物质的热力状态由任意两个状态参数确定，其中压力和温度是测量起来最简单方便的两个参数。而测量物质在某一状态变化过程中的吸热量或放热量，可以确定物质在此过程中的某些特性量，如比热容，相变热、反应热等。

实验1　二氧化碳临界状态观测及 $p\text{-}V\text{-}t$ 关系测定实验

在维持恒温、压缩恒定质量气体的条件下，测量气体的压力和体积是实验测定气体 $p\text{-}V\text{-}t$ 关系的基本方法之一。1863年，安德鲁通过实验观察二氧化碳的等温压缩过程，阐明了气体液化的基本现象。因此，通过本实验观察二氧化碳气体液化过程的状态变化，和经过临界状态时的气液突变现象，并测定等温线和临界状态的参数。

【实验目的】

（1）了解 CO_2 临界状态的观测方法，增加对临界状态概念的感性认识。

（2）增加对课堂所讲的工质热力状态、凝结、汽化、饱和状态等基本概念的理解。

（3）掌握 CO_2 的 $p\text{-}V\text{-}t$ 关系的测定方法，学会用实验测定实际气体状态变化规律的方法和技巧。

（4）学会活塞式压力计、恒温器等热工仪器的正确使用方法。

【实验原理】

纯物质的临界点表示气液两相平衡共存的最高温度（T_c）和最高压力（p_c）点。纯物质所处的温度高于 T_c，无论压力大小，都不存在液相，压力高于 p_c，无论温度高低，都不存在气相，同时高于 T_c 和 P_c，则为临界区。本实验测量 $T > T_c, T = T_c, T < T_c$ 三种温度条件下的等温线。$T > T_c$ 等温线为一条光滑曲线；$T = T_c$ 等温线，在临界压力附近有一水平拐点，并出现气液不分的现象；$T < T_c$ 等温线，分为三段，中间一水平线段为汽液共存区。

对纯流体处于平衡状态时，其状态参数 p、V、t 之间有：

$$F(p,V,t) = 0$$

或
$$t = f(p,V) \tag{6-1}$$

理想气体状态方程具有最简单的形式 $pV = Rt$，实际气体状态方程比较复杂，目前尚不能将各种气体的状态方程用一个统一的形式表示出来，虽然已经有了许多在某种条件下能够较好反映 p、V、t 之间关系的实际气体状态方程。因此，具体测定某种气体的 p、V、t 关系，并将实测结果表示在坐标图上形成状态图，是一种重要而有效的研究气体工质热力性质的方法。

本实验是在维持温度不变的情况下，测定比体积与压力的对应数值，以得到等温线数据。在不同温度下对二氧化碳气体进行压缩，将此过程画在 p-V 图上，可得到二氧化碳 p-V-t 关系曲线。当温度低于临界温度时，该二氧化碳实际气体的等温线有气液相变的直线段。当温度增加到临界温度时，饱和液体和饱和气体之间的界限已完全消失，呈现出模糊状态，称为临界状态。二氧化碳的临界压力为 7.38MPa，临界温度为 31.1℃。在 p-V 图上，临界温度等温线在临界点上既是驻点，又是拐点。临界温度以上的等温线具有拐点，直到 48.1℃ 才成为均匀的曲线。

【实验装置】

二氧化碳临界状态观测及 p-V-t 关系测定实验装置由压力计、恒温水浴和实验台本体及其防护罩等三大部分组成，如图 6-1 所示。实验台本体如图 6-2 所示。其中：高压主容器管内充 CO_2；玻璃杯盛满水银；压力油用来传递由压力机施加的压力；水银是用来把压力施加给主容器管内 CO_2，并起到封闭 CO_2 不外泄的作用；密封填料起到组合件之间压力封闭作用；填料压盖起密封紧固作用；恒温水套用来使 CO_2 恒温；温度计用来控制恒温水套中的水温。

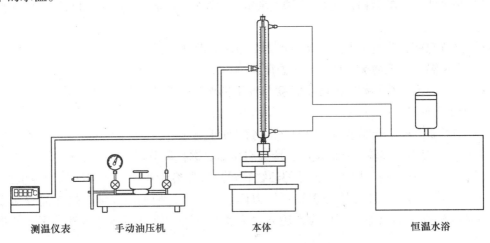

　　测温仪表　　　　手动油压机　　　　　　本体　　　　　　　　恒温水浴

图 6-1　实验台系统原理图

实验中，压力计油缸送来的压力由压力油传入高压容器和玻璃杯上半部，迫使水银进入预先装了 CO_2 气体的承压玻璃管容器，CO_2 被压缩，其压力大小通过压力计上的活塞杆的进、退来调节。温度由恒温水浴供给的水套内的水温来调节。

实验工质二氧化碳的压力值，由装在压力计上的压力表读出。温度由插在恒温水套中的温度传感器及数显温度表读出。比容首先由承压玻璃管内二氧化碳柱的高度来测量，而后再根据承压玻璃管内径截面不变等条件来换算得出。

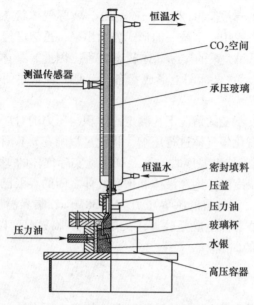

图6-2 实验台本体结构简图

【实验方法】

（1）按图6-1装好实验设备，并开启实验本体上的日光灯（目的是易于观察）。

（2）恒温水浴准备及温度调节：

1）把水注入恒温器内，至离盖30～50mm。检查并接通电路，启动水泵，使水循环对流。

2）设置数字调节器，把温度调节仪调节至所需温度。

3）视水温、环境情况，调节设定温度。

4）观察温度，其读数的温度点温度与设定的温度一致时（或基本一致），则可（近似）认为承压玻璃管内的CO_2的温度处于设定的温度。

5）当需要改变实验温度时，重复2）～4）即可。

当初始水温高于实验设定温度时，应开启压缩机进行调节。

（3）加压前的准备。因为压力计的油缸容量比容器容量小，需要多次从油杯里抽油，再向主容器管充油，才能在压力表显示压力读数。压力计抽油、充油的操作过程非常重要，若操作失误，不但加不上压力，还会损坏实验设备。所以，务必认真掌握，其步骤如下：

1）关压力表及其进入本体油路的两个阀门，开启压力计油杯上的进油阀。

2）摇退压力台上的活塞螺杆，直至螺杆全部退出。这时，压力计油缸中抽满了油。

3）先关闭油杯阀门，然后开启压力表和进入本体油路的两个阀门。

4）摇进活塞螺杆，使本体充油。如此交替重复，直至压力表上有压力读数为止。

5）再次检查油杯阀门是否关好，压力表及本体油路阀门是否开启。若均已调定后，即可进行实验。

（4）做好实验的原始记录：

1）设备数据记录：仪器、仪表名称，型号，规格，量程等。

2）常规数据记录：室温、大气压、实验环境等参数。

3）承压玻璃管内 CO_2 质量不便测量，而玻璃管内径或截面积（A）又不易测准，因而实验中采用间接办法来确定 CO_2 的比容，认为 CO_2 的比容 v 与其高度是一种线性关系（已知 CO_2 玻璃管内径为 1.6mm）。具体方法如下：

已知 CO_2 液体在 20℃，9.8MPa 时的比容 v（20℃，9.8MPa）= 0.00117m³/kg。此时的 CO_2 液柱高度 Δh_0 为 5.3cm。

注意玻璃管水套上刻度的标记方法。

因为 $v(20℃,9.8\text{MPa}) = \dfrac{\Delta h_0 A}{m} = 0.00117\text{m}^3/\text{kg}$，

所以有

$$\frac{m}{A} = \frac{\Delta h_0}{0.00117} = K \tag{6-2}$$

式中，K 即为玻璃管内 CO_2 的质面比常数。

所以，任意温度、压力下 CO_2 的比容为：

$$v = \frac{\Delta h}{m/A} = \frac{\Delta h}{K} \tag{6-3}$$

$$\Delta h = h - h_0$$

式中　h——任意温度、压力下水银柱高度；

h_0——承压玻璃管内径顶端刻度。

（5）测定低于临界温度 $t = 20℃$ 时的等温线（具体低温温度以当次实验实际温度为准）。

1）将恒温器调定在 $t = 20℃$，并保持恒温。

2）压力从 4.41MPa 开始，当玻璃管内水银柱升起来后，应足够缓慢地摇进活塞螺杆，以保证等温条件。否则，将来不及平衡，使读数不准。

3）按照适当的压力间隔取 h 值（最大可用压力 $p = 7.5\text{MPa}$）。

4）注意加压后 CO_2 的变化，特别是注意饱和压力和饱和温度之间的对应关系以及液化、汽化等现象。将测得的实验数据及观察到的现象填入表 6-1。

（6）测定临界参数，并观察临界现象（$t = 31.1℃$）。

1）按上述方法和步骤测出临界等温线，并在该曲线的拐点处找出临界压力 p_c 和临界比容 v_c，并将数据填入表 6-1（注意拐点附近需多取压力点，以便找到拐点）。

2）观察临界现象：

①整体相变现象：由于在临界点时，汽化潜热等于零，饱和蒸汽线和饱和液体线合于一点，所以这时气-液的相互转变不是像临界温度以下时那样逐渐积累，需要一定的时间，表现为渐变过程，而这时当压力稍稍变化时，气-液是以突变的形式相互转化。

②气、液两相模糊不清的现象：处于临界点的 CO_2 具有共同参数（p，V，t），因而不能区别此时 CO_2 是气态还是液态。如果说它是气体，那么，这个气体是接近液态的气体；如果说它是液体，那么，这个液体又是接近气态的液体。下面就来用实验证明这个结论。因为这时处于临界温度下，如果按等温线过程进行，使 CO_2 压缩或膨胀，那么，管内是什么也看不到的。这时 CO_2 液体离气区也是非常接近的，可以说是接近气态的液体。既然此

时的 CO_2 既接近气态，又接近液态，所以能处于临界点附近。即临界状态就是饱和气、液分不清的状态。这就是临界点附近，饱和气、液模糊不清的现象。

（7）测定高于临界温度 $t=40℃$ 时的定温线（具体高温温度以当次实验实际温度为准）。将数据填入记录表 6-1。

【实验注意事项】

（1）加压过程中注意压力极限值，缓慢加压，等待压力值稳定。

（2）注意温度设定，得到稳定的测量环境。

（3）改变恒温水温度后应稳定足够长的时间。

（4）转动手轮增大油压时，应使毛细管内水银面缓慢上升。

【实验数据处理】

（1）测定 CO_2 的 p-V-t 关系。按表 6-1 的数据，在 p-V 坐标系中绘出低于临界温度（$t=20℃$）、临界温度（$t=31.1℃$）和高于临界温度（$t=40℃$）的三条等温曲线，与标准实验曲线及理论计算值相比较，并分析其差异原因。

（2）将实验测得的等温线与图 6-3 所示的标准等温线比较，并分析它们之间的差异及原因。

（3）测定 CO_2 在低于临界温度（$t=20℃$）饱和温度和饱和压力之间的对应关系，并与图 6-4 给出的理论的 t_s-p_s 曲线比较。

（4）观测临界状态：

1）临界状态附近气液两相模糊的现象。

2）气液整体相变现象。

3）测定 CO_2 的 p_c、V_c、t_c 等临界参数，并将实验所得的 V_c 值与理论计算值一并填入表 6-2，并与理想气体状态方程和范德瓦尔方程的理论值相比较，简述其差异原因。

（5）简述实验收获及对实验改进意见。

表 6-1　CO_2 等温实验原始记录表

$t=$___℃				$t=$___℃				$t=$___℃			
p/MPa	Δh/mm	$\nu=\Delta h/K$	现象	p/MPa	Δh/mm	$\nu=\Delta h/K$	现象	p/MPa	Δh/mm	$\nu=\Delta h/K$	现象

表 6-2　临界比容 ν_c　　　　　　　　　　　　　　　（ m^3/kg ）

标准值	实验值	$\nu_c = RT_c/p_c$	$\nu_c = 3/8$	RT/p_c
0.00216				

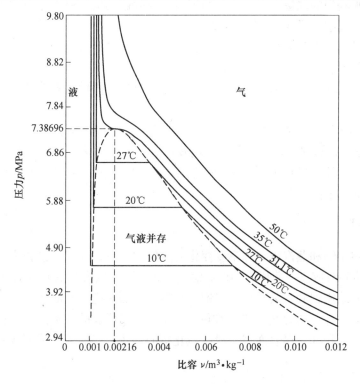

图 6-3　标准曲线

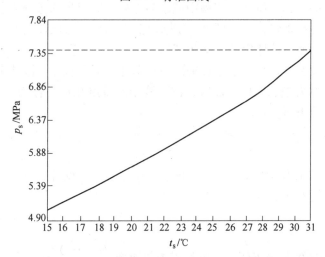

图 6-4　临界压力与临界温度关系曲线

【思考题】

（1）该实验装置应注意哪些安全措施？

（2）如何调节 CO_2 的温度？

（3）为什么玻璃管内 CO_2 的质面比 K 是不变的？

（4）$p\text{-}V$ 图上过临界点等温线的相变过程有什么现象？

（5）说明观察到的现象，并将画出的等温线与范德瓦尔方程式比较，试解释此现象。

（6）分析实验中有哪些因素带来误差？

（7）实验过程中看到的不同温度下的实验现象是什么，出现此种现象的原因是什么？

实验2　可视性饱和蒸汽压力和温度关系实验

水蒸气是人类在热力发动机中应用最早的工质，水蒸气易于获得，具有适宜的热力参数、良好的膨胀性及载热性、不会污染环境等优点，至今仍是广泛应用的工质之一。而水蒸气的饱和压力与温度的关系对很多实际应用均有影响，因此有必要了解水蒸气的饱和压力与温度的关系的测定方式。

【实验目的】

（1）通过观察饱和蒸汽压力和温度变化的单值性关系，加深对饱和状态的理解，从而树立液体温度达到对应于液面压力的饱和温度时，沸腾便会发生的基本概念。

（2）测定并绘制饱和水蒸气压力与饱和沸腾温度的对应关系曲线。

（3）掌握温度计、压力表、调压器和大气压力计等仪表的正确使用方法。

（4）观察小容积和金属表面很光滑（汽化核心很小）的饱和态沸腾现象。

【实验原理】

在一定压力下的液态工质（本实验中以水为工质）在其所占液体容积内自由运动，若对液体加热则分子运动加快，碰撞频繁，不断由液体汽化为蒸汽，当液体分子脱离表面的汽化速度与气体分子回到液体中的凝结速度相等时，汽化和凝结过程仍在不断进行，但总的结果使状态不再改变。这种处于动态平衡的状态称为饱和状态。液体上的蒸汽称为饱和蒸汽，对应的液体称为饱和液体。此时，汽、液相的温度相同，称为饱和温度（T_s），蒸汽的压力称为饱和压力（p_s）。

【实验装置】

可视性饱和蒸汽压力和温度关系实验设备由压力表、温度计、蒸汽发生器、电加热器及调压器组成，如图6-5所示。

【实验方法】

（1）熟悉实验装置及使用仪表的工作原理和性能。

（2）接通电源。

（3）将调压器输出电流调至预定数值（每个实验台均不同，在保温电流的基础上增加0.5A），待蒸汽压力升至一定值时，将电压或电流降至保温电流，待工况稳定后迅速记录下水蒸气的压力和温度。重复上述实验，在 $0\sim0.4\text{MPa}$ 范围内实验不少于6次，且实验点应尽量分布均匀。

（4）实验完毕后，断开电源。

（5）记录室温和大气压力。

【实验注意事项】

（1）加热元件允许的电压为 0～220V。

（2）本装置允许使用压力为 0.4MPa（表压），不可超压操作，通电后必须有专人看管。

（3）注意温度与压力的对应稳定点。

【实验数据处理】

（1）记录和计算。将数据记录于表6-3 中。

（2）绘制 p-t 关系曲线。将实验结果点标在坐标纸上，清除偏离点，绘制曲线。

（3）总结经验公式。将实验曲线绘制在双对数坐标纸上，则基本呈一条直线，故饱和水蒸气压力和温度的关系可近似整理成经验公式 $p = at^b$。

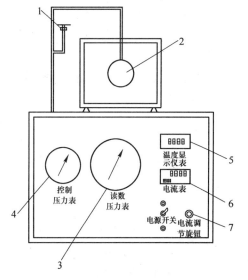

图6-5　可视性饱和蒸汽压力和温度关系实验设备图
1—放气阀；2—可视玻璃及蒸汽发生器；3—压力表；
4—压力保护控制器；5—温度数显；
6—加热电流；7—加热调节

（4）简述实验原理和过程。

（5）整理各种数据的原始记录表。

（6）实验结果整理后绘制图表以及整理实验计算所得公式。

（7）误差分析。比较实验值和理论值，并分析两者之间存在差别的原因。

（8）简述实验收获及对实验的改进意见。

表6-3　数据记录表

实验次数	饱和压力/MPa			饱和温度/℃		误　差		备注
	压力表读值 p'	大气压力 B	绝对压力 $p = p' + B$	温度计读值 t'	理论值 t	$\Delta t = t - t'/℃$	$\dfrac{\Delta t}{t} \times 100\%$	
1								
2								
3		0.101325 (760mmHg)						
4								
5								
6								

【思考题】

（1）如果气腔内包含空气，会产生怎样的影响？

（2）对于该装置实验过程，应注意哪些安全措施？

实验 3　气体定压比热测定实验

测定气体定压比热容的基本测量项目，是测量已知流量气体的吸热量（或放热量）和温度变化值。基本方法可以分为两类：一类称为混合法，即预先将气体加热，让它流过量热器时受冷却（达到与量热器热平衡），由量热器测定气体的放热量；另一类称为定流法，即让气体流过量热器时被加热，由量热器测定气体的吸热量。因此，除了要准确测定气体在量热器入口和出口的温度之外，还必须仔细消除量热器热损失的影响或确定它的修正值，才能准确地测定气体的吸热量或放热量。本实验采用定流法测定空气的平均定压比热容。

【实验目的】

（1）了解气体定压比热测定装置的基本原理和构思。
（2）通过本实验熟悉测温、测压、测热、测流量的方法。
（3）掌握由基本数据计算出比热值和求得比热公式的方法。
（4）分析本实验产生误差的原因及减小误差的可能途径。

【实验原理】

气体的定压比热 $C_p = \left(\dfrac{\partial h}{\partial T} \right)_p$ ，在定压过程中 $\mathrm{d}h = \dfrac{1}{m} \delta Q_p$ ，则气体的定压比热 $C_p = \dfrac{1}{m} \left(\dfrac{\partial Q}{\partial T} \right)_p$ ，当气体的温度由 t_1 加热至 t_2 时，其平均定压比热可表示为 $C_{pm} \big|_{t_2}^{t_1} = \dfrac{Q_p}{m(t_2 - t_1)}$ （kJ/(kg·K)）。

大气是含有水蒸气的湿空气。当湿空气温度由 t_1 加热到 t_2 时，其中水蒸气的吸热量应等于 $Q_w = m_w \displaystyle\int_{t_1}^{t_2} (1.844 + 0.0004886t) \mathrm{d}t$ （kJ/s），于是空气的平均定压比热 $C_{pm} \big|_{t_2}^{t_1} = \dfrac{Q_p - Q_w}{m(t_2 - t_1)}$ ，Q_p 为湿空气的吸热量（kJ/s），m 为干空气质量（kg/s）。

在离开室温不很远的温度范围内，空气的定压比热和温度关系可近似为 $C_p = a + bt$ ，则平均定压比热 $C_{pm} \big|_{t_2}^{t_1} = \dfrac{\displaystyle\int_{t_1}^{t_2} (a + bt) \mathrm{d}t}{t_2 - t_1} = a + b \dfrac{t_1 + t_2}{2}$ 。因此，若以 $\dfrac{t_1 + t_2}{2}$ 为横坐标，$C_{pm} \big|_{t_2}^{t_1}$ 为纵坐标，则可根据不同温度范围内的平均比热确定截距 a 和斜率 b ，从而得到比热随温度变化的计算式。

【实验装置】

气体定压比热测定实验装置由风机、流量计、比热仪主体、电功率调节及测量系统等四部分组成，如图 6-6 所示，比热仪主体如图 6-7 所示。

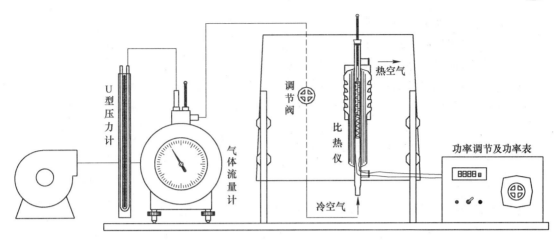

图 6-6 气体定压比热测定实验装置

实验时，被测空气（也可以是其他气体）由风机经湿式气体流量计送入比热仪主体，经加热、均流、旋流、混流后流出。在此过程中，分别测定：空气在流量计出口处的干、湿球温度（t_0，t_w），由于是湿式气体流量计，实际为饱和状态；气体经比热仪主体的进出口温度（t_1，t_2）；气体的体积流量（V）；电热器的输入功率（P）以及实验时相应的大气压（B）和流量计出口处的表压（Δh）。根据这些数据，并查找相应的物性参数，即可计算出被测气体的定压比热（C_{pm}）。

气体的流量由节流阀控制，气体出口温度由输入电热器的功率来调节。

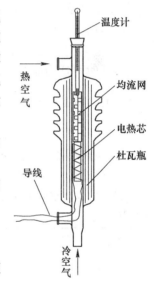

图 6-7 比热仪主体

【实验方法】

（1）湿式气体流量计。使用前在指导老师指导下加水。使用时：

1）进出气管接头等处不得漏气。

2）注意水位的保持，否则需加水。

3）保持水温在 15 ~ 25℃范围。

4）仪器要保持水平。

5）读数之前，必须将流量计运转数周后，才能读数。

6）气体压力在 1000 ~ 6000Pa。

使用后，放净水。

（2）接通电源及测量仪表。

（3）开动风机，测出流量计出口空气的干球温度（t_0）和湿球温度（t_w）。

（4）调节流量，使它保持在额定值附近。逐渐提高电热器功率，使出口温度升高至预计温度。可以根据下式预先估计所需电功率：

$$P \approx 12\frac{\Delta t}{\tau}$$

式中　P——电热器输入电功率，W；

Δt——进出口温度差，℃；

τ——每流过 10L 空气所需的时间，s。

（5）待出口温度稳定后（出口温度在 5min 之内无变化或有微小起伏，即可视为稳定），读出下列数据：每 10L 空气通过流量计所需时间（τ 秒）；比热仪进口温度，即流量计的进口温度（t_1/℃）和出口温度（t_2/℃）；当时相应的大气压力（B/mmHg）和流量计出口处的表压（Δh/mmH$_2$O）；电热器的输入功率（P/W）。

【实验注意事项】

（1）切勿在无气流通过的情况下使电热器投入工作，以免引起局部过热而损坏比热仪主体。

（2）输入电热器的电压不得超过 220V。气体出口最高温度不得超过 300℃。

（3）加热和冷却要缓慢进行，防止温度计和比热仪主体因温度骤增骤降而破裂。

（4）注意远离高温空气的比热仪出口，避免烫伤。

（5）实验完毕时，将电压逐渐降低，然后切断电热器，让风机继续运行 15min 左右（温度较低时可适当缩短），再切断电源。

【实验数据处理】

在本实验过程中，功率表所读出的加热功率包括气体升温所吸收的热量以及比热仪本体与环境换热所散失的热量，因此在计算过程中要相应的从加热功率中考虑减少一部分散失热量，此部分热量大致占加热功率的 1%～5% 。

（1）将实验数据记录于表 6-4。

表 6-4　数据记录表

实验次序	大气压力 B/mmHg	湿式流量计					比热仪本体		电热器
		出口干球温度/℃	出口湿球温度/℃	查 h-d 表含湿量 d/g·(kg 干空气)$^{-1}$	出口表压（U 形管差压）Δh/mmH$_2$O	时间 τ/s·(10L)$^{-1}$	进口温度（与湿式气体流量计出口温度相同）/℃	出口温度（为仪器瓶内温度）/℃	功率/W
1	760								
2									
3									
4									

（2）根据流量计出口空气的干球温度和湿球温度，从湿空气的焓湿图查出含湿量（d，g/kg 干空气），并根据式（6-4）计算出水蒸气的容积成分：

$$r_{\mathrm{w}} = \frac{d/622}{1 + d/622} \tag{6-4}$$

（3）根据电热器消耗的电功率，可算出电热器单位时间放出的热量。

（4）干空气流量（质量流量，kg/s）为：

$$m_\text{g} = \frac{P_\text{g}\dot{V}}{R_\text{g}T_0} = \frac{(1 - r_\text{w})(B + \Delta h/13.6) \times 133.32 \times 10/1000\tau}{287.0(t_0 + 273.15)}$$

$$= \frac{4.6453 \times 10^{-3}(1 - r_\text{w})(B + \Delta h/13.6)}{\tau(t_0 + 273.15)} \tag{6-5}$$

（5）水蒸气流量（kg/s）为：

$$m_\text{w} = \frac{p_\text{w}\dot{V}}{R_\text{w}T_0} = \frac{t_\text{w}(B + \Delta h/13.6) \times 133.32 \times 10/1000\tau}{461.917(t_0 + 273.15)}$$

$$= \frac{2.8862 \times 10^{-3}t_\text{w}(B + \Delta h/13.6)}{\tau(t_0 + 273.15)} \tag{6-6}$$

（6）水蒸气吸收的热量（kJ/s）为：

$$\dot{Q}_\text{w} = m_\text{w}\int_{t_1}^{t_2}(1.844 + 0.0004886t)\,\mathrm{d}t \tag{6-7}$$

（7）干空气的定压比热（kJ/(kg·℃)）为：

$$C_{0m}\big|_{t_1}^{t_2} = \frac{\dot{Q}_\text{g}}{m_\text{g}(t_2 - t_1)} = \frac{\dot{Q} - \dot{Q}_\text{w}}{m_\text{g}(t_2 - t_1)} \tag{6-8}$$

（8）绘出比热随温度的变化关系，根据不同的温度范围内的平均比热确定截距 a 和斜率 b，整理出比热随温度变化的计算式。

（9）误差分析。

（10）简述实验收获及对实验的改进意见。

【思考题】

（1）电加热器辐射损失有哪些影响？

（2）引起实验误差因素包含哪些？

（3）影响比热仪出口温度稳定的因素有哪些？

（4）本实验装置的组成部分是什么，空气在比热仪本体内的流经过程是什么？

（5）本实验过程中需要记录的实验数据有哪些，可调节的有哪些，本实验采用的是什么方法测定的定压比热？

实验 4　制冷（热泵）循环演示装置实验

制冷机的功用是从物体取出热量，使它冷却到并维持周围环境的温度。根据热力学第二定律，从低温物体提取热量输送给高温物体的热量转移过程，必须加入补偿功能才能实现。通常情况下用制冷系数表示消耗单位外功所能从冷源提取的热量，是评价制冷性能的指标。

【实验目的】

（1）演示制冷（热泵）循环系统工作原理，观察制冷工质的蒸发、冷凝过程和现象。

（2）熟悉制冷（热泵）循环系统的操作、调节方法。

（3）进行制冷（热泵）循环系统粗略的热力计算。

【实验原理】

制冷是从低于环境的物体中吸取热量，并将其转移给环境介质的过程。由于热量只能自动地从高温物体传给低温物体，因此实现制冷必须包括消耗能量的补偿过程。制冷机的基本原理是：利用某种工质的状态变化，从较低温度的热源吸取一定的热量 Q_0，通过一个消耗功 W，向较高温度的热源放出热量 Q_k 的补偿过程。这一过程中，由能量守恒得 $Q_k = Q_0 + W$。

热泵实质是一种热量提升装置，热泵的作用是从周围环境中吸取热量，并把它传递给被加热的对象。其工作原理与制冷机相同。都是按照逆卡诺循环工作的。热泵在工作时，本身消耗一部分能量，把环境介质中贮存的能量加以挖掘，通过传热工质循环系统提高温度进行利用，而整个热泵装置所消耗的功仅为输出功中的一小部分。热泵是以冷凝器放出的热量来供热的制冷系统。

制热过程中，蒸发器内部的工质吸热汽化被吸入压缩机，压缩机将这种低压工质气体压缩成高温、高压气体送入冷凝器，被水泵强制循环的水也通过冷凝器，被工质加热，而工质被冷却成液体，该液体经膨胀阀节流降温后再次流入蒸发器，如此反复循环工作。制冷过程与制热过程原理相同。

【实验装置】

制冷（热泵）循环演示装置由全封闭压缩机、换热器 1、换热器 2、浮子节流阀、四通换向阀及管路等组成制冷（热泵）循环系统；由转子流量计及换热器内盘管等组成水系统；还设有温度、压力、电流、电压等测量仪表。制冷工质采用低压工质 R_{12}。

装置原理示意图如图 6-8 所示。当系统做制冷（热泵）循环时，换热器 1 为蒸发器（冷凝器），换热器 2 为冷凝器（蒸发器）。

【实验方法】

实验循环过程为：

（1）将四通换向阀打开其中一对（四通阀中的阀 1 和 4 为一对，2 和 3 为一对），如图 6-9 所示。

（2）打开连接演示装置的供水阀门，利用转子流量计阀门适当调节蒸发器、冷凝器水流量。

（3）开启压缩机，观察工质的冷凝、蒸发过程及其现象。

（4）待系统运行稳定后，即可记录压缩机输入电流、电压；冷凝压力、蒸发压力；冷凝器和蒸发器的进、出口温度及水流量等参数并填入表 6-5。

（5）切换四通阀（原开度为 1.4 现切换为 2.3 开，四通阀可同时打开，不可同时关闭，切换中要求先打开四个阀门，再关闭其中的一对），顺序完成以上的（2）、（3）、（4）步骤，记录参数。

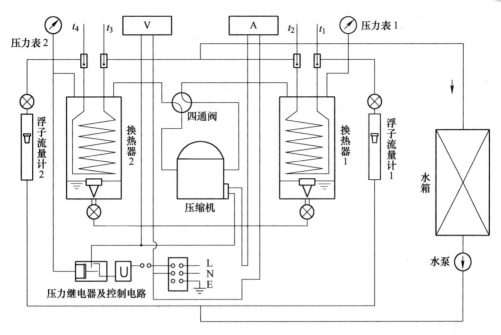

图6-8 制冷（热泵）循环演示装置原理图

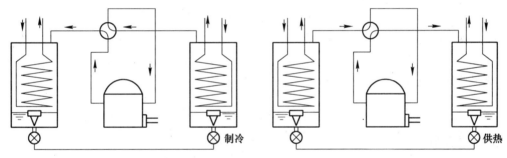

图6-9 制冷剂流向改变流程图

表6-5 数据记录表

换热器1			换热器2			压缩机			
进口水温度 T_1/℃	出口水温度 T_2/℃	水流量 /L·h^{-1}	进口水温度 T_3/℃	出口水温度 T_4/℃	水流量 /L·h^{-1}	电流 /A	电压 /V	冷凝压力（高压压力）/MPa	蒸发压力（低压压力）/MPa

【实验注意事项】

（1）实验结束后，首先关闭压缩机，过1min后再关闭供水阀门。

（2）为确保安全，切忌冷凝器不通水或无人照管情况下长时间运行。

（3）时刻注意高压压力表读数，避免压力过高超过量程。

【实验数据处理】

（1）当系统做制冷运行时。

换热器 1 的制冷量（kW）为：

$$Q_1 = G_1 C_p (t_1 - t_2) + q_1 \tag{6-9}$$

换热器 2 的制冷量（kW）为：

$$Q_2 = G_2 C_p (t_3 - t_4) + q_2 \tag{6-10}$$

热平衡误差（%）为：

$$\Delta_1 = \frac{Q_1 - (Q_2 - N)}{Q_1} \times 100 \tag{6-11}$$

制冷系数为：

$$\varepsilon_1 = \frac{Q_1}{N} \tag{6-12}$$

（2）当系统作热泵运行时。

换热器 1 的换热量（kW）为：

$$Q_1' = G_1' C_p (t_2 - t_1) + q_1' \tag{6-13}$$

换热器 2 的换热量（kW）为：

$$Q_2' = G_2' C_p (t_4 - t_3) + q_2' \tag{6-14}$$

热平衡误差（%）为：

$$\Delta_2 = \frac{Q_1' - (Q_2' - N)}{Q_1'} \times 100 \tag{6-15}$$

制冷系数为：

$$\varepsilon_1 = \frac{Q_1'}{N} \tag{6-16}$$

以上各式中，G_1、G_1' 和 G_2、G_2' 分别为换热器 1 和换热器 2 的水流量，kg/s；t_1、t_2 和 t_3、t_4 分别为换热器 1 和换热器 2 水的进、出口温度；水的定压比热 $C_p = 4.868 \text{kJ/(kg·℃)}$。

$$q_1 = a(t_a - t_e) \times 10^{-3} \tag{6-17}$$

$$q_1' = a(t_a - t_c) \times 10^{-3} \tag{6-18}$$

$$q_2 = b(t_a - t_c) \times 10^{-3} \tag{6-19}$$

$$q_2' = b(t_a - t_e) \times 10^{-3} \tag{6-20}$$

式中 t_a——环境温度，℃；

   t_e，t_c——工质在蒸发压力，冷凝压力下所对应的饱和温度，℃；

   a，b——换热器 1 和换热器 2 的热损失系数（均为 2%）；

     N——压缩机轴功率，kW。

$$N = \eta \frac{VA}{1000} \tag{6-21}$$

式中 η——电机效率（电机效率取为 20%）；

V——电压，V；

A——电流，A。

（3）简述实验原理和过程，指出本系统运行参数的调节手段是什么。

（4）整理各种数据的原始记录表。

【思考题】

（1）什么是制冷系数，影响实际制冷系数不同于理论制冷系数的因素有哪些？

（2）制冷系统四大部分是什么，怎样进一步提高制冷机的实际制冷系数？

（3）制冷机的基本原理是什么？

实验 5　空气绝热指数测定实验

【实验目的】

通过测量绝热膨胀和定容加热过程中空气的压力变化，计算空气绝热指数。理解绝热膨胀过程和定容加热过程以及平衡态的概念。掌握差压计的使用。

【实验原理】

气体的绝热指数定义为气体的定压比热容与定容比热容之比，以 K 表示，即 $K = \dfrac{C_p}{C_v}$。

本实验利用定量空气在绝热膨胀过程和定容加热过程中的变化规律来测定空气的绝热指数 K。实验过程中的 p-V 图如图 6-10 所示。图 6-10 中 AB 为绝热膨胀过程；BC 为定容加热过程。

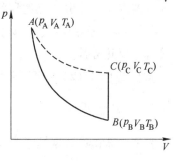

图 6-10　状态变化

AB 为绝热过程：　$p_1 V_1^k = p_2 V_2^k$　　　　（6-22）

BC 为定容过程：　　$V_2 = V_3$　　　　　　（6-23）

假设状态 A 和 C 温度相同，则 $T_1 = T_3$。根据理想气体的状态方程，对于状态 A、C 可得：

$$p_1 V_1 = p_3 V_3 \qquad (6\text{-}24)$$

将式（6-24）两边 K 次方得：

$$\left(p_1 V_1 \right)^k = \left(p_3 V_3 \right)^k \qquad (6\text{-}25)$$

由式（6-22）、式（6-25）得，$\left(\dfrac{p_1}{p_3} \right)^k = \dfrac{p_1}{p_2}$，两边取对数，得：

$$k = \frac{\ln\left(\dfrac{p_1}{p_2} \right)}{\ln\left(\dfrac{p_1}{p_3} \right)} \qquad (6\text{-}26)$$

因此，只要测出 A、B、C 三种状态下的压力 p_1、p_2、p_3，且将其代入式（6-26），即可求得空气的绝热指数 K。

【实验步骤】

实验装置空气绝热指数测定仪，由刚性容器、充气阀、排气阀和 U 形差压计等组成，如图 6-11 所示。

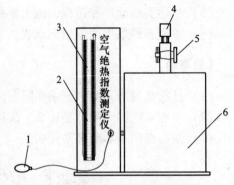

图 6-11   实验装置图
1—充气球；2—U 形管压力计；
3—标尺板；4—排气速度调整帽；
5—排气旋塞阀；6—有机玻璃储气筒

（1）在实验开始时，检查实验仪器气密性。关闭放气阀，通过充气阀对刚性容器充气，使 U 形差压计的水柱 Δh 达到 200mmH$_2$O 左右，记下 Δh 值，5min 后再观察 Δh 值，看是否发生变化。若不变化，则气密性满足要求；若变化，说明装置漏气，需检查管路连接处，排除漏气。

（2）检查气密性之后，重新利用充气阀（橡皮球）进行充气，使 U 形差压计的两侧有一个比较大的差值，等待一段时间后，U 形差压计的读数不再变化，记录此时的 U 形差压计的读数 h_1，则 $p_1 = p_a + h_1$，p_a 为大气压力。大容器内的气体达到状态 A 点。

（3）迅速放气使此过程中容器内气体和外界的热交换可以忽略。转动排气阀进行放气，并迅速关闭排气阀。此时 U 形差压计读数刚趋于稳定时立刻读出 h_2 值，$p_2 = p_a + h_2$。使大容器内的气体由 A 点达到状态 B 点。

（4）继续等待 U 形差压计的读数变化。等到读数稳定后，读取 h_3 值，$p_3 = p_a + h_3$，稳定过程需要几分钟。

重复以上的（2）~（4）步骤，做出 4 遍测量数据后，进行数据处理。

【实验数据处理】

将实验获得的数据填于表 6-6 中。

表 6-6   数据记录表

序号	状态 A		状态 B		状态 C		K
	$h_1 / \text{mmH}_2\text{O}$	$p_1 = p_a + h_1$	$h_2 / \text{mmH}_2\text{O}$	$p_2 = p_a + h_2$	$h_3 / \text{mmH}_2\text{O}$	$p_3 = p_a + h_3$	
1							
2							
3							
4							

注：$p_a = 101325\text{Pa}$。

【实验注意事项】

（1）实验对装置的气密性要求较高。因此，在实验开始时，应检查气密性。

（2）读数 h_1、h_2、h_3 时应注意把握时机，以保证读数的准确性和有效性。

（3）注意实验数据处理的具体过程。注意压力单位之间的相互转化，要求单位必须统一。

【思考题】

放气操作时应注意什么，原因是什么？

7 工程燃烧学实验

工程燃烧学是热能与动力工程专业学生的一门主要专业基础课，是研究如何将燃料的化学能高效、清洁的转化为热能的一门科学，对于学生掌握燃料燃烧过程相关的基本概念和基本理论以及燃烧技术的基本原理和方法具有重要作用。工程燃烧学实验，能使学生对燃烧规律产生一定的感性认识，巩固并加深对理论知识的理解，进一步熟悉热工实验中各物理量的测量方法，熟悉热工检测仪表的工作原理、用途及调节方法；培养学生的科学态度和对实验结果的分析、综合以及书写实验报告的能力。

实验1　固体燃料热值的测定

燃料的发热量（或称热值）是指单位质量或单值体积（针对气体燃料而言）的燃料完全燃烧时所能释放出的最大热量，它是衡量燃料作为能源的一个很重要的指标。燃料发热量的高低显然决定于燃料中含有的可燃物质的多少。但是，固体燃料和液体燃料的发热量并不等于各可燃物质组成发热量的代数和，因此，最可靠的确定燃料发热量的办法是依靠实验测定。

针对固体燃料（本实验室主要指煤）的测定采用量热法，下面具体介绍。

【实验目的】

（1）巩固燃烧发热量的概念，了解固体燃料热值的测定方法。

（2）了解量热计的结构和安装方法，掌握氧弹式量热计的实验技术，实测煤粉的弹筒高热值。

【实验原理】

量热法是化学热力学实验的一个基本方法。本实验采用恒温式量热计，实验过程中保持环境温度稳定，测试时分析试样在充有过量氧气的氧弹内燃烧，根据试样点燃前后量热系统产生的温升，对点火热等附加热进行校正后即可求得试样的弹筒发热量。量热计的热容量通过在相似条件下燃烧一定量的基准物质苯甲酸来确定。

【实验装置】

本实验装置由 GR-3500G 型氧弹式热量计、电子天平、点火丝、蒸馏水、煤粉及压饼装置、输氧管、氧气瓶及氧气表组成。GR-3500G 型氧弹式热量计结构如图 7-1 所示。其外筒为全不锈钢双壁套筒，实验时充满水，形成恒温环境；内筒由不锈钢制成，实验时内装量热液体（水）；氧弹由耐热、耐腐蚀的不锈钢制成，实验过程中保持气密性；数字显示仪表用于热量计的控制和温度数字显示。

图 7-1　恒温式热量计

【实验方法】

（1）试样称重。试样重量取为 1.0 ~ 1.2g，压制成 φ12mm 的煤饼，试样称重精确到 0.0001g。

（2）取煤饼放入坩埚内，将坩埚装在坩埚架上。取一段系有棉线的点火丝，将点火丝的两端分别连接在氧弹的两个电极柱上，调节下垂的点火丝使棉线与试样煤饼接触。

（3）装好试样的氧弹头缓慢插入弹筒内，小心旋紧弹筒盖，避免坩埚和点火丝的位置因受震动而改变。向氧弹中缓慢通入氧气，使氧弹内压力达到 2.5MPa，充氧时间不得少于 15s。

（4）向内筒中加入 3000g 蒸馏水，精确到 0.5g，蒸馏水水温应事先调整，使内筒水温比外筒水温低 0.7℃左右，使室温与外筒水温之差小于 0.5℃。

（5）将装好水的内筒放入内筒的底座上，再将装好试样的氧弹小心地放入内筒，检查氧弹的气密性（如有气泡不断出现，说明氧弹漏气，应取出氧弹查找漏气点后，重新装样充氧），然后盖上外筒的盖子并将测温探头插入相应的位置，开动搅拌马达。

（6）实验准备工作结束，开始测试，将所测得数据记入表 7-1。

实验分为三个阶段：

初期：试样燃烧前的阶段。目的是观察在实验开始温度下，量热体系与周围环境的热交换关系。每隔半分钟读一次温度，直至温度基本不变为止（一般 6 ~ 10 次）。

主期：试样燃烧阶段。试样产生的热量传给量热计，使量热体系各部分温度逐渐达到均匀。在初期的最后一次读取温度的瞬间，进行点火。主期温度仍然每半分钟读一次，直到温度不再上升而开始下降为止。

末期：目的是为了观察实验终了温度下，量热体系与周围环境的热交换关系，直到温度不再下降为止。

（7）停止搅拌，关闭电源开关，取下测温探头，打开盖子，取出氧弹，将排气阀套在氧弹的进气阀体上，稍微用力按下即可放出燃烧废气。放气完成后，检查弹体内部，若有试验燃烧不完全的迹象或有炭黑存在，说明实验失败，实验数据无效；若无炭黑，表明燃烧完全。用干净水洗涤氧弹各部分，擦净、放回原处，供下次实验使用。

表7-1 实验数据记录表

次数	温度/℃	次数	温度/℃	次数	温度/℃
1		21		41	
2		22		42	
3		23		43	
4		24		44	
5		25		45	
6		26		46	
7		27		47	
8		28		48	
9		29		49	
10		30		50	
11		31		51	
12		32		52	
13		33		53	
14		34		54	
15		35		55	
16		36		56	
17		37		57	
18		38		58	
19		39		59	
20		40		60	

【实验注意事项】

（1）实验中使用的水为长期留存的留存水，而非自来水（保证水温与外筒水温相近）。

（2）连接好点火丝，将装好试样的氧弹头缓慢插入弹筒内，密封弹筒后，要用万用表测量弹筒两极之间的电阻值，用以判断两极之间是否短路。

（3）充氧气时要注意氧压，控制在要求的范围之内，避免氧压过高或过低。

（4）测温探头和搅拌叶轮不应接触到氧弹和内筒的壁面。

（5）注意保证氧弹的气密性良好。

【实验数据处理】

（1）热量计的热容量计算公式为：

$$E = \frac{Q \cdot m + q_1 + q_n}{t_n - t_0 + C} \tag{7-1}$$

式中　　E ——热量计热容量，J/K；

　　　　Q ——苯甲酸热值，J/g；

m ——苯甲酸质量，g；

q_1 ——点火丝热值，J（本实验 q_1 为 3.35×10^4 J）；

q_n ——硝酸生成热，J；

t_0 ——主期初温（点火时的温度），℃；

t_n ——主期末温（第一次出现下降时的温度），℃；

C ——冷却校正值，K。

（2）弹筒发热量计算公式为：

$$Q_{b,ad} = \frac{E(t_n - t_0 + C) - (q_1 + q_2)}{G} \tag{7-2}$$

式中　$Q_{b,ad}$ ——试样热值，J/g；

　　　q_2 ——添加物热值，J；

　　　G ——试样质量，g。

量热体系与环境（外筒）之间的热交换，用冷却校正公式（奔特公式）进行修正。

$$C = \frac{r}{2}(V_0 + V_n) + (n - r)V_n \tag{7-3}$$

式中　r ——主期中每半分钟温度上升不小于 0.3K 的半分钟间隔数，第一个不管温度升高多少都计入 r 值中；

　　　n ——由点火到终点时间温度间隔数；

　　　V_0 ——初期每30s 的温度变化率，$V_0 = \dfrac{T_0 - t_0}{10}$，K；

　　　V_n ——末期每30s 的温度变化率，$V_n = \dfrac{t_n - T_n}{10}$，K；

T_0, t_0 ——初期、主期初温，K；

t_n, T_n ——主期、末期末温，K。

奔特公式热容量（所用苯甲酸的热值为 26441J/g）见表 7-2。

表7-2　奔特公式热容量示例

初期	次数	1	2	3	4	5	6	7	8	9	10
	温度/K	24.839	27.840	24.841	24.842	24.843	24.844	24.844	24.845	24.846	24.846
主期	次数	1	2	3	4	5	6	7	8	9	10
	温度/K	24.847	25.187	25.957	26.284	26.446	26.533	26.586	26.617	26.641	26.655
	次数	11	12	13	14	15	16	17	18	19	20
	温度/K	26.665	26.671	26.675	26.678	26.679	26.681	26.682	26.682	26.680	26.680
末期	次数	1	2	3	4	5	6	7	8	9	10
	温度/K	26.680	26.679	26.678	26.677	26.676	26.675	26.673	26.671	26.669	26.666

由表7-2得

$$V_0 = \frac{T_0 - t_0}{10} = \frac{24.839 - 24.847}{10} = -0.0008K$$

$$V_n = \frac{t_n - T_n}{10} = \frac{26.680 - 26.666}{10} = 0.0014K$$

$$C = \frac{r}{2}(V_0 + V_n) + (n - r)V_n = \frac{3}{2}(-0.0008 + 0.0014) + (18 - 3) \times 0.0014$$

$$= 0.0219K$$

试样质量 $m = 1.0019g$，$q_1 = 28J$，则

$$E = \frac{Q \cdot m + q_1 + q_n}{t_n - t_0 + C} = \frac{26441 \times 1.0091 + 28 + 0.0015 \times 26441 \times 1.0091}{26.680 - 24.847 + 0.0219}$$

$$= 14421.07J/K$$

（3）低热值的计算公式为：

$$Q_{ad,DW} = Q_{b,ad} - Q_{水vap} = Q_{ad,DT} - 6(W_M + 9W_H) \tag{7-4}$$

式中　$Q_{水vap}$——每克燃料中含的水及燃料生成的水的蒸发潜热；

　　　　$Q_{ad,DT}$——燃料的高发热值，kJ/kg；

　　　　W_M——燃料中含水的质量分数，%；

　　　　W_H——燃料中氢的质量分数（原来水中含的氢除外），%。

【思考题】

（1）什么是燃料的高、低发热值？

（2）热量计的热容量有何物理意义，应如何确定？

（3）影响燃料热值测定准确性的因素有哪些，如何修正？

（4）你对本实验有何改进意见？

实验2　气体或挥发性液体燃料热值测定

因为固体燃料和液体燃料的发热量并不等于各可燃物质组成发热量的代数和，最可靠的确定燃料发热量的办法是依靠实验测定，上一个实验我们已经介绍了固体燃料发热量的实验测量方法，在本实验中将具体介绍气体燃料的热值测定实验方法。

【实验目的】

（1）了解气体燃料发热量的测量方法。

（2）了解此热量计的构造和安装情况。

（3）实测燃气（液化石油气）高位发热量及低位发热量。

【实验原理】

本实验所用热量计测量的发热量属于定压燃烧热，根据能量守恒定律，认为在稳定燃烧时，燃气燃烧放出的热量全部被自下而上流动的水所吸收，同时燃烧产物中的水蒸气冷凝成水。实验在动平衡状态下进行，即测定数据时出水温度不再变化。在稳态、完全燃烧时，能量守恒方程为：空气带入物理热 + 燃气带入物理热 + 燃气化学热 = 冷却水吸收热 + 排烟热损失 + 散热损失。热量计加装绝热层，使其对环境散热损失趋于零，这样，燃气燃烧放出的热量全部被水吸收，测量水在燃气燃烧前后的温度变化，便可求得该气体燃料的

热值。

【实验装置】

本实验采用容克式气体燃料热量计，并附有湿式气体流量计、U形管压差计、玻璃浮子流量计以及10mL量筒，如图7-2所示。

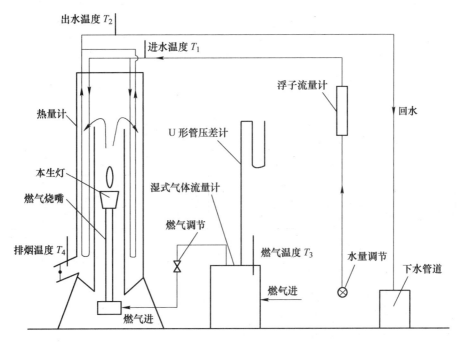

图7-2　气体热值测定实验台原理图

【实验方法】

（1）按图7-2连接系统管线，安装好测量仪表。

（2）调整燃气调压阀，使本生灯前的燃气压力约为2.94kPa（300mmH₂O）。

（3）检查燃气系统密封性能。调整压力后，关闭本生灯阀门，打开气源阀门，此时如果流量计指针转动一下后立即停止，在10min内指针不动或移动不超过全周长的1%即认为合格。

（4）调整热量计使之保持垂直位置，缓慢开启水量调节阀，确认冷却水正常流经热量计。

（5）调节本生灯。关闭烧嘴的空气调节阀，打开燃气开关，待燃气从烧嘴中喷出后点燃，观察扩散火焰的燃烧方式，缓慢打开空气调节阀调节一次空气量，直至形成稳定燃烧的本生灯火焰（蓝色透明的内锥火焰），再将本生灯放入热量计内，插入深度为4cm以上，对好中心位置并固定，用反光镜对准本生灯以便观察火焰燃烧情况。

（6）本生灯放入热量计燃烧室后，水温开始上升，经过一段时间，当水温不再上升时，通过调节水的流量将进出口水的温差控制在10～12℃之间。

（7）待进出口水温变化不大（一般不超过0.5℃）且有冷凝水连续稳定滴出时即可进

行读数。在燃烧 1L 燃气的过程中：1）接收冷凝水；2）每燃烧 0.2L 燃气，读一次进口水温 T_1、出口水温 T_2、燃气温度 T_3、排烟温度 T_4 以及燃气压力 H_t、冷却水流量 L，共读 5 次；3）用秒表记录燃烧 1L 燃气所用时间。测试过程不少于 3 组，将所有数据记入表 7-3。

（8）关闭燃气阀门，取出本生灯，关闭水阀，关闭总电源。

表 7-3　实验数据记录表

测量组数（每升燃气）	测量次数	水温/℃		燃气温度 T_3/℃	排烟温度 T_4/℃	冷却水流量 /L·h⁻¹	燃气压力 /mm H₂O	时间 /s	每升燃气冷凝水量 /mL	环境温度/℃		大气压力 /kPa
		进口 T_1	出口 T_2							干球	湿球	
1	1											
	2											
	3											
	4											
	5											
	平均值											
2	1											
	2											
	3											101.325 (760mmHg)
	4											
	5											
	平均值											
3	1											
	2											
	3											
	4											
	5											
	平均值											

【实验注意事项】

（1）实验过程中，确认热量计中有水流动时，方可移入本生灯。当测量结束时，应先关闭燃气阀门，取出本生灯，然后才关闭水源。

（2）点燃本生灯后要时刻注意火焰的燃烧状态，防止火焰熄灭或不完全燃烧。本生灯在热量计中应连续地燃烧，如发现熄火，应立即关闭燃气阀门，取出本生灯，用空气吹扫热量计后方可将本生灯重新放入。

（3）调节冷却水流量一定后，在整个实验过程中不可再开关冷却水阀门，避免仪器干烧，导致容器内水温度过高。

（4）注意冷却水流量以及燃气压力读数的准确度。

【实验数据处理】

（1）计算标准状态干体积。将湿基实际燃气体积折算成标准状态时干燃气体积的折算系数：

$$f = \frac{B + H_r - \varphi H_{sb}}{760} \times \frac{273}{273 + T_3} \tag{7-5}$$

式中　B——工作时大气压力，mmHg；

　　　H_r——燃气压力，mmHg；

　　　φ——燃气相对湿度（采用湿式流量计时 $\varphi = 1$）；

　　　T_3——燃气温度，℃；

　　　H_{sb}——由 T_3 查得的饱和水蒸气压力，mmHg。

（2）标准状态下冷却水吸热量（kJ/m³）为：

$$Q = \frac{CLt \times 10^3}{3600} \times (T_2 - T_1) \tag{7-6}$$

式中　C——水的比热，kJ/（kg·℃）；

　　　L——燃烧 1L 燃气的时间内流过得冷却水量，kg；

　　　t——燃烧 1L 燃气所用的时间，s。

（3）高位发热量为：

$$Q_g = \frac{Q}{f} \tag{7-7}$$

（4）标准状态下冷凝水放热量（kJ/m³）为：

$$q = 2510 \times \frac{G}{f} \tag{7-8}$$

式中　G——燃烧 1L 燃气的时间内所产生的冷凝水量，g；

　　　f——换算系数。

（5）标准状态下低位发热量（kJ/m³）为：

$$Q_d = Q_g - q \tag{7-9}$$

【思考题】

（1）本实验中为什么采用本生灯式燃气烧嘴，本生灯式燃气烧嘴有何特点？

（2）分析影响燃气发热值测量准确性的因素。

（3）提出实验改进建议。

（4）气体热值测试实验数据处理过程中引入了换算系数 f，为什么，没有 f 计算误差会有多大？

实验 3　煤的工业分析

　　煤的分析一般有两种：元素分析与工业分析。元素分析可以给出煤的元素组成。但为了分析研究煤的性质和它的燃烧特性，只知道煤的元素组成是不够的，还需知道煤的其他一些特性，如：水分、灰分、挥发物产量、固定碳的含量。这些都是煤很重要的特性，缺乏这些特性资料就无法判别煤的种类，确定其工业用途和燃烧情况。而煤的工业分析就是测定这些重要技术特性。下面介绍煤的工业分析实验方法。

【实验目的】

煤的工业分析是锅炉设计、灰渣系统设计和锅炉燃烧调整的重要依据，是燃料分析的基础性实验。它通过规定的实验条件测定煤中的水分、灰分、挥发分和固定碳质量含量的百分数，并观察评判焦炭的黏结特征。通过煤的工业分析实验使学生巩固概念，掌握煤工业分析的原理和方法，并实际测定煤的水分、挥发分、灰分和固定碳等。

【实验原理】

工业分析包括煤的水分、灰分、挥发分和固定碳四个项目的测定。工业分析是规范性很强的实验，其方法是国家统一规定的。现在实施的是 GB212—77 号标准法。

水分通过干燥进行测定；挥发分通过干馏进行测定；灰分通过灰化进行测定；固定碳则采用差减法进行计算。由于煤样为已经自然风干的分析煤样，外在水分已除去，因此所测组分为"分析成分"，而不是"供用成分"。

水分测定分常规法和快速分析法两种，灰分测定也分缓慢灰化法和快速灰化法两种。本书"水分"和"灰分"的测定都采用快速法。

【实验装置】

实验装置包括：

(1) 箱式电炉。带有调温装置，最高温度 1200℃。

(2) 干燥箱。带有调温装置，内附鼓风机。

(3) 干燥器。内装干燥剂（无水硫酸铜）。

(4) 坩埚。高 40mm，上口外径 33mm，底径 18mm，壁厚 1.5mm 带盖的瓷坩埚。

(5) 灰皿。底面长 45mm，宽 22mm，高 14mm 的长方形灰皿。

(6) 分析天平。精确到 0.0002g。

(7) 坩埚架。放置坩埚的陶瓷架。

(8) 其他。石棉手套、坩埚夹、耐火砖等。

【实验方法】

(1) 水分的测定。事先将坩埚编号，在称出重量的坩埚内称取分析煤样（1 ± 0.1000）g，然后将盖存放在干燥器内，将坩埚放入预先鼓风并加热到（145 ±5）℃的干燥箱中，在一直鼓风的前提条件下，烟煤和无烟煤鼓风并干燥 10min，褐煤干燥 1h 后，从干燥箱中取出坩埚并加盖。在空气中冷却 2～3min 后，放入干燥器中冷却到室温，称重。

(2) 挥发分的测定。将测定水分后的坩埚，置入预先加热到 920℃的箱式电阻炉中。打开炉门，迅速将坩埚放入炉内恒温区，关好炉门，保持坩埚加热 7min。实验开始时，炉温会有所下降，要求 3min 内炉温回到（910 ±10）℃，并继续保持此温度直至实验结束，否则实验作废。从炉中取出坩埚，在空气中冷却 5～6min 后，放入干燥器中，冷却到室温，称量。打开坩埚盖观察此煤样的焦渣特性。

（3）灰分的测定。在称出重量的灰皿中称取分析煤样（1±0.1000）g，煤样在灰皿中要铺平。将箱式电炉加热到850℃，打开炉门，将灰皿缓慢推进箱式电炉，让煤样慢慢灰化。5~10min后，煤样不再冒烟时，以每分钟不大于2cm的速度把灰皿推进炉中的炽热部分，关闭炉门，在（810±10）℃的温度下灼烧40min。灰化结束后从炉中取出灰皿，放在石棉板上，在空气中冷却5min，然后放入干燥器中冷却至室温，称量。试样缓慢推进炉内是为了防止煤粉爆燃喷溅。然后进行检查性灼烧，每次20min，直到重量变化小于0.01g为止，采用最后一次测定的重量为计算依据，灰分小于15%时不用进行检查性灼烧。

将所测实验数据记入表7-4。

表7-4　实验记录表

测定编号	测定成分	容器名称	容器空重/g	总量/g	样品重/g	热处理后总重/g	计算结果/%
1	水分						
2							
1	灰分						
2							

测定编号	测定成分	待测容器初始总重/g	样品重/g	热处理后容器总重/g	
1	挥发分				
2					

测定编号	测定成分	计算结果/%			
1	固定碳				
2					

【实验注意事项】

（1）为了有效地安排时间，几个项目的测定可以按照"灰分"、"水分"、"挥发分"的顺序来称量，本实验加热温度都由仪表自动控制，因此实验的成败在于称量是否准确和迅速，操作是否严格和稳妥。

（2）为了节省称量的时间，"水分"和"挥发分"可以采用同一个试样，以挥发分坩埚为容器，按规定步骤测完水分称重后，接着再送进箱式电炉中测定挥发分。

【实验数据处理】

（1）水分测定结果按式（7-10）计算。

$$W' = \frac{G_1}{G} \times 100 \tag{7-10}$$

式中　W'——分析煤样的水分质量分数，%；

　　　G_1——分析煤样干燥后失去的质量，g；

　　　G——分析煤样的质量，g。

（2）挥发分测定结果按式（7-11）计算。

$$V' = \frac{G_1}{G} \times 100\% - W' \tag{7-11}$$

式中　V'——分析煤样的挥发分质量分数,%；

　　　G_1——分析煤样加热后的减量，g；

　　　G——分析煤样的质量，g；

　　　W'——分析煤样的水分质量分数,%。

（3）灰分测定结果按式（7-12）计算。

$$A' = \frac{G_1}{G} \times 100\% \tag{7-12}$$

式中　A'——分析煤样的灰分质量分数,%；

　　　G_1——恒重后灼烧残留物的质量，g；

　　　G——分析煤样的质量，g。

（4）固定碳按式（7-13）计算。

$$G'_{GD} = 100\% - (W' + A' + V') \tag{7-13}$$

式中　G'_{GD}——分析煤样的固定碳含量质量分数,%；

　　　W'——分析煤样的水分质量分数,%；

　　　A'——分析煤样的灰分,%；

　　　V'——分析煤样的挥发分,%。

【思考题】

（1）测定的水分和供用水分之间有何差别，怎样计算试样的总水分？

（2）测定的灰分量和煤中原有的无机矿物质有何差别，测定灰分时为什么不是将试样迅速推入高温区而是缓慢地、间歇地推进？

（3）简述煤的工业分析实验的实际具体操作步骤（包括使用器具、具体加热时间等）。

实验4　液体燃料黏度的测定

　　石油是从很深的地层内开采出来的一种液体状矿物，直接开采未经过炼制的石油是原油，而原油一般不直接作为燃料使用。用直接蒸馏法炼制石油，得到的石油产品有汽油、重汽油、煤油和柴油等。这些均为燃油，且主要由碳氢两种元素组成，为烃类燃料。因此烃类燃料的理化性质如黏度、闪燃点等对其燃烧和使用性能有着很大的影响。其中燃油的黏度是衡量燃油流动阻力的一项指标，黏度越低，流动性能越好，黏度的大小对燃油的输送和雾化有着直接影响，下面介绍液体燃料黏度的实验测定方法。

【实验目的】

（1）了解液体燃料黏度工业测定的方法以及温度对黏度的影响。

（2）掌握恩格拉黏度计测定液体燃料的运动黏度的方法。

（3）掌握测量液体燃料的运动黏度系数的不同方法。

（4）实际用恩氏黏度计测定轻质柴油的恩氏黏度。

【实验原理】

液体受外力作用移动时，在液体分子间发生的阻力称为黏度。

液体燃料的黏度和它的摩擦力有一定的关系，按牛顿公式有：

$$f = \mu A \frac{dw}{dn} \qquad (7-14)$$

式中　f——内摩擦力；

　　　μ——黏度系数；

　　　A——面积；

　　　$\dfrac{dw}{dn}$——速度梯度。

工业上应用的黏度计很多，本实验采用的是恩格拉黏度计，它是具有一定尺寸的装置，用来测定液体的相对黏度，用它测得的黏度称为恩氏黏度。

$$E = \frac{\tau_t}{K} \qquad (7-15)$$

式中　E——在 t℃时的恩氏黏度；

　　　τ_t——在 t℃时试样从黏度计中流出 200mL 所需时间；

　　　K——黏度计的水系数，即蒸馏水在 20℃ 时流出 200mL 所需时间。

【实验装置】

恩氏黏度计的结构如图 7-3 所示。本实验装置还需要用到秒表和轻质柴油。其中，标准黏度计的水系数应等于（51 ± 1）s，本实验仪器的水系数已标在黏度计上。

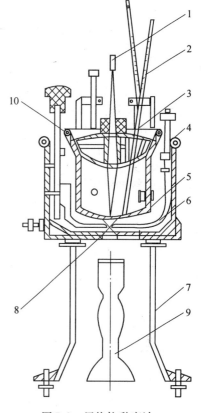

图7-3　恩格拉黏度计
1—木塞；2—温度计；3—内锅盖；
4—外锅；5—内锅；6—电加热器；7—支架；
8—流出管；9—承受瓶；10—搅拌器

【实验方法】

（1）每次测定黏度前用滤过的清洁轻质柴油仔细洗涤黏度计的内容器及流出管，然后用空气吹干。内容器不准擦拭，只允许用剪齐边缘的滤纸吸去剩下的液滴。

（2）测定试样在规定温度的黏度时，先将木塞严密塞住黏度计的流出孔，然后将预先加热到稍高于规定温度的试样注入内容器中，这时试样中不应产生气泡，注入的油面必须稍高于尖钉的尖端。

（3）向黏度计的外容器注入水，水应预先加热到稍高于规定温度，为使试样的温度在实验过程中能保持恒定并能符合规定温度，应使内容器中试样保持温度恒定在 ±0.2℃，必要时可用电加热器加热外容器。

（4）稍微提起木塞，使多余的试样流出，直至三个尖钉的尖端刚露出油面为止。如果流出的试样过多，就逐滴添入试样，至尖钉的尖端，但油中不要留有气泡。

（5）黏度计加上盖之后，在流出孔下面放置洁净、干燥的承受瓶，然后绕着木塞小心地旋转插有温度计的盖，利用温度计搅拌试样。

（6）试样的温度恰好达到规定温度时，再保持5min，迅速提起木塞，同时开动秒表，当承受瓶中的试样正好达到200mL的标线时，立即停住秒表，并读取试样的流出时间，精确至0.2s。

（7）取平行测定的两个结果的算术平均值作为试样的恩氏黏度。

【实验注意事项】

（1）注意在向内容器中注入待测液体燃料时，要求用玻璃管进行引流，避免有气泡进入待测液体燃料，影响测量实验数据的准确度。

（2）注意外容器内的水温不等于内容器内的待测液体燃料的温度，需记录的是内容器内待测液体燃料的温度。

【实验数据处理】

将实验所得数据记录于表7-5中，利用公式（7-15）计算实验用柴油的恩氏黏度。

表7-5　实验记录表

实验次序	水温/℃	油温/℃	200mL 油出流时间/s
1	室温	室温	
2			
3			
4			
5			
6			

【思考题】

（1）为什么实验时要将液体加入到一定高度而不是任意高度？

（2）影响实验结果的因素有哪些？试分析实验误差及其原因。

（3）什么是恩氏黏度，运动黏度？

实验5　液体燃料闪点及燃点的测定

燃油加热到适当温度后，其中相对分子质量最轻、沸点最低的组分会蒸发汽化，此时若有火源接近，则已汽化的燃油蒸汽就会着火燃烧，出现瞬间即灭的蓝色闪光，此时油温被称为油的闪点，闪点对燃油的贮存和输送的安全性有着很大的意义，是有关燃油着火和防止火灾的一项主要技术指标。而燃点是当燃油加热到此温度后，已汽化的油气遇到明火能着火持续燃烧的最低温度。测定闪点和燃点是确定燃油中轻质油含量的一种间接方法。

【实验目的】

（1）了解液体燃料的闪点及燃点的测定方法。
（2）了解影响液体燃料闪点及燃点的因素。
（3）掌握测定液体燃料闪点与燃点的意义。
（4）了解闪点、燃点的区别。

【实验原理】

把液体燃料加热到它的蒸汽与空气的混合气接触火焰发生闪光时的最低温度称为闪点；加热到它的蒸汽能接触的火焰点着并燃烧不少于 5s 时的最低温度称为燃点。它的测定方法大体上有开放式及封闭式两种。本实验使用的是开放式装置，适用于闪点在 80℃ 的燃料油的测定。开放式测得的闪点比封闭式高 5～10℃。

【实验装置】

本实验装置为开口闪燃点实验仪，主要包括油杯，电热器（电炉），温度计，防护屏及点火装置。

【实验方法】

（1）把试样油倒入油杯中一直加到标线为止。试样注入时不应溅出，而且液面以上的杯壁不应沾有试样。

（2）把装好试样的油杯平稳地放置在电炉上，再将温度计垂直地固定在温度计夹上，并使温度计的水银球位于杯内中央，与杯底和试样液面的距离大致相等（温度计不要碰着油杯的任何部分）。测定装置应放在避风和较暗的地方，为此用黑色防护屏围上，使闪点现象能看得清楚。

（3）加热油杯，使试样温度逐渐升高，当试样温度达到预计闪点前 60℃ 时，调整加热速度，使试样温度达到闪点前 40℃ 时控制升温速度为每分钟升高（4±1）℃。

（4）试样温度达到预计闪点前 10℃ 时，将点火器的火焰放到距离试样液面 10～14mm 处，并在该处水平面上沿油杯内径来回移动，从油杯的一边移到另一边的时间为 2～3s。点火器的火焰长度应预先调整为 3～4mm。

（5）试样液面上方最初出现蓝色火焰时，立即读取温度计上的温度读数作为闪点。

（6）继续对油杯进行加热，使试样的升温速度为每分钟（4±1）℃。然后用点火器上的火焰进行点火实验，试样接触火焰后立即着火，并能继续燃烧不少于 5s，此时温度计上的温度即为燃点。

当温度升到燃点时，引火后即能自行继续燃烧，这时油的温度即将升高，所以实验时应先看温度，然后再划火，一经燃着记录温度后立即将温度计移开，用玻璃将火盖灭（切忌用嘴吹），以免烧坏温度计或造成火灾。

【实验注意事项】

（1）将实验液体燃料倒入油杯时，应注意防止燃油飞溅以及沾染杯壁。

（2）当燃油燃烧起来后，要注意冷静处理，首先将温度计移出并固定在油杯以外，然后再灭火。

（3）注意加热速度不能太快，否则只能看到燃点看不到闪点。

（4）灭火时一定要用玻璃片，不能用嘴吹。

【实验数据处理】

将实验所得数据填入空白处。

液体燃料闪点为：_____℃；液体燃料燃点为：_____℃。

【思考题】

（1）说明测定闪点及燃点的意义，描述实验时闪点及燃点的现象。

（2）试分析实验结果的准确及造成误差的原因。

实验6　气体成分分析

分析烟气成分，不仅可以了解热力设备内部燃料燃烧完全与否，还可以判定空气供应量是否符合最佳的燃料空气配比。因此，进行热力设备烟气分析对于研究和运行都具有重要意义。烟气成分分析的方法很多，如化学法、电气法、气相色谱法、红外线法等。目前广泛使用的是奥式气体分析仪。

【实验目的】

气体燃料和燃料燃烧后的废气成分的分析是评价燃料燃烧价值，了解燃料设备工作状况的常用方法，其结果是进行空气过剩系数、燃料的化学不完全燃烧所造成的热损失及加热工艺热效率等有关热工计算的依据。本实验测定烟气的成分，即进行气体的半分析，分析 CO_2、O_2 和 CO 气体含量。

【实验原理】

气体分析的方法可分为物理分析法和化学分析法，物理法是根据气体的物理性质，如比重、热导率、电阻率、气相色谱等来进行分析的，化学法则是根据气体的化学性质来进行分析。本实验采用化学分析法分析。利用气体混合物与某试剂接触时，混合气体中待测气体组分被吸收，吸收后固定不再逸出，由气体体积的缩减求得此气体的含量。

进行气体体积的测量时还要考虑温度和压力对气体体积变化的巨大影响。在气体混合物中各部分的温度和压力是均等的，因此混合气体各组分的百分含量不随温度及压力的变化而改变，只要在同一温度和压力下测量全部气体及其组成部分的体积就可以了，通常一切测量都是在当时的大气温度和压力下进行。

混合气中的 CO_2、O_2 和 CO 气体可由以下几种试剂吸收。

（1）CO_2 用33%的KOH溶液吸收。化学方程式为：

$$CO_2 + 2KOH == K_2CO_3 + H_2O$$

试剂制备：称量一份重KOH，溶解在两份重的水中，1mL该溶液能吸收40mL CO_2。

（2）O_2 用焦性没食子酸（化学名为三羟基苯）的碱性溶液吸收。化学方程式为：

$$C_6H_3(OH)_3 + 3KOH == C_6H_3(OK)_3 + 3H_2O$$

$$2C_6H_3(OK)_3 + \frac{1}{2}O_2 == (KO)_3C_6H_2 + C_6H_2(OK)_3 + H_2O$$

试剂制备：称取5g焦性没食子酸，溶解在15mL水中，另称取48g KOH溶于32mL水中，使用前混合。此试剂1mL能吸收8~12mL O_2。

（3）CO用氯化亚铜氨溶液吸收。化学方程式为：

$$CuCl_2 + 2CO == CuCl_2 \cdot 2CO \quad （络合物）$$

$$CuCl_2 \cdot 2CO + 4NH_3 + 2H_2O == 2NH_4Cl + Cu + (NH_4)_2C_2O_4$$

试剂制备：称取250g NH_4Cl 溶解在750mL沸水中，加入200g $CuCl_2$。充分搅拌并加入等于溶液体积两倍的氨水（密度0.91），由于一价铜很容易被空气中的氧所氧化，所以在盛有氯化亚铜氨溶液的瓶中应加入铜屑或螺旋状的金属铜。此试剂1mL能吸收16mL CO。氯化亚铜吸收后应用10% H_2SO_4 溶液吸除带出的氨蒸气。

【实验装置】

本实验使用常用的491型气体分析器，如图7-4所示。

491型气体分析器由吸收瓶、量气管，梳形管和水准瓶等组成，是供气体半分析使用的，对复杂成分的全分析，则采用532型气体分析仪，它由七个吸收瓶，甲烷、氢燃烧管等组成。

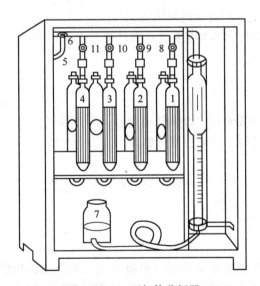

图7-4　491型气体分析器

1—吸收瓶，盛33%KOH溶液；2—吸收瓶，盛焦性没食子酸碱性溶液；

3—吸收瓶，盛氯化亚铜氨溶液；4—吸收瓶，盛10% H_2SO_4；

5—气体导入管；6—三通活塞；7—水准瓶；8~11—活塞

【实验方法】

（1）取样。各吸收瓶液面应在标线上，气体导入管 5 与取好样的球胆相连，将三通活塞 6 旋至导通位置，打开球胆上的夹子，放低水准瓶，使气体吸入量气管中少许。因为梳形管及各分支管中有空气，此时所吸收的那份气体中混有空气，不能当作试样，应把它放入大气中，为此把三通活塞 6 与大气相通，升高水准瓶 7，使量气管内液面上升到标线，以排除气体。用上述方法再吸取一份气体，重新排出，这样重复 3~4 次，方可正式取样。放低水准瓶，将气体吸入量气管中，当液面下降至刻度 100 以下少许时，使量气管液面与水准瓶液面处于同一高度，小心升高水准瓶，放出多余气体，而使量气管中液面升至刻度 100，最后将三通活塞 6 旋至关闭。

（2）CO_2 的吸收。升高水准瓶，给量气管中待测气体施加压力，再打开活塞 8，于是待测气体进入 KOH 吸收瓶 1，直至量气管内液面到达标线为止；然后放下水准瓶，将气体抽回，如此往返 3~4 次，最后一次将气体自吸收瓶中抽回，当吸收瓶内液面到达顶端标线时，关闭活塞 8，将水准瓶移近量气管，对齐液面，读出气体体积，吸收前后气体体积之差 $V - V_1$ 即为气体中所含的体积。在读取体积读数后，应检查吸收是否完全，为此，再重复上述吸收步骤一次，如体积相差不大于 0.1mm，即认为已完全吸收。

（3）O_2 的吸收。根据上述方法，在吸收瓶 2 中吸收后测得体积 V_2，则 $V_1 - V_2$ 为气体中所含 O_2 的体积。

（4）CO 的吸收。按照同样方法，在吸收瓶 3 中吸收后测得体积 V_3，$V_2 - V_3$ 为气体中所含 CO 的体积。但需注意，在 CO 吸收之后，因气体中带出的氨蒸气而对测量 V_3 有妨碍，可将气体压入吸收瓶 4 的 H_2SO_4 中，吸收除去 NH_3 后再测量 V_3。

（5）结束工作。排出量气管及各吸收瓶中的气体，但各吸收瓶中应留有少许气体，特别是吸收瓶 1、2，避免其中的强碱性使活塞粘住。

以上操作必须依次进行，不能变更吸收瓶的吸收次序，因后一种试剂也具有吸收前一种试剂所吸收组分的功效。

【实验注意事项】

（1）开闭和旋转活塞要轻稳，以免转动塞蕊，导致漏气。

（2）升降水准瓶要稳缓，同时注意观察液面上升的位置，以免量气管中封闭液与吸收剂冲混而污染。

（3）吸收操作必须依次进行，不能变更吸收瓶的吸收次序，因为后一种试剂也具有吸收前一种试剂所吸收组分的效能。

【实验数据处理】

若在分析过程中，气体的温度和压力有所变化，则应将测得的全部气体体积换算成原来试样的温度和大气压力下体积，但通常在分析时都维持温度、压力与测量试样体积时的温度、压力一致，故可省去换算工作，直接用各测量结果计算百分比含量。总取样体积为 V。

吸收 CO_2 后读数为 V_1，则

$$\varphi(CO_2) = \frac{V - V_1}{V} \times 100\% \tag{7-16}$$

吸收 O_2 后读数为 V_2，则

$$\varphi(O_2) = \frac{V_1 - V_2}{V} \times 100\% \tag{7-17}$$

吸收 CO 后读数为 V_3，则

$$\varphi(CO) = \frac{V_2 - V_3}{V} \times 100\% \tag{7-18}$$

将实验所得数据记录于表7-6中。

表7-6 实验记录表

试样总体积 V/mL	吸收 CO_2 后读数 V_1/mL	CO_2 含量/%	吸收 O_2 后读数 V_2/mL	O_2 含量/%	吸收 CO 后读数 V_3/mL	CO 含量/%

【思考题】

（1）改变吸收操作顺序会对实验结果造成哪些影响？

（2）如有反应液体冲入连接管道会造成哪些影响？

（3）分析实验误差产生的原因。

（4）491 型气体分析器中分别利用哪些化学试剂测定哪些气体含量？

实验7 动力火焰稳定性综合设计实验

一切可燃混合物的正常燃烧过程都是由火和燃烧本身两个阶段所组成，实验证实，化学反应只在薄薄的一层火焰面内进行，火焰将未燃烧气体与已燃烧气体分隔开来，因此对火焰的各项研究就具有重要意义。

【实验目的】

（1）本生火焰及斯密塞尔法火焰分离。观察本生火焰的圈顶效应、壁面淬熄效应及火焰外凸效应，燃料浓度对火焰颜色的影响，气流速度对火焰形状的影响等各种火焰现象；了解本生灯火焰内外锥分离的原理和方法。

（2）气体燃料的射流燃烧、火焰长度及火焰温度的测定。比较射流扩散燃烧与预混合燃烧的异同；观察贝克-舒曼（Burk-Schumann）火焰现象；测定射流火焰的温度分布；测定层流扩散火焰长度与燃料体积流量之间的关系曲线。

（3）本生灯法层流火焰传播速度。巩固火焰传播速度的概念，掌握本生灯法测量火焰传播速度的原理和方法；测定液化石油气的层流火焰传播速度；掌握不同的气/燃比对火焰传播速度的影响，测定出不同燃料百分数下火焰传播速度的变化曲线。

（4）静压法气体燃料火焰传播速度测定。火焰传播速度（即燃烧速度）是气体燃料燃烧的重要特性之一，它不仅对火焰的稳定性和燃气互换性有很大的影响，而且对燃烧方

法的选择、燃烧器设计和燃气的安全使用也有实际意义。通过本次实验，要求学生熟悉静压法（管子法）测定火焰传播速度（单位时间内在单位火焰面积上所燃烧的可燃混合物的体积）的方法，掌握火焰传播速度 u_0、火焰行进速度 u_p 和来流（供气）速度 u_s 相互之间的关系。

【实验原理】

A　本生灯及本生灯火焰

本生灯是 1855 年由本生发明的。它的出现，在煤气工业中引起了很大的变化。本生灯使用预混气体燃料，其机理是燃气与燃烧所需的部分空气进行预先混合，燃烧过程在动力区进行，形成的火焰称之为本生火焰，预混本生火焰比扩散火焰燃烧迅速，温度较高，且不会形成炭烟。

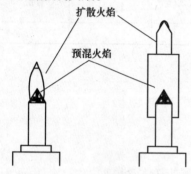

图 7-5　本生火焰及斯密塞尔
火焰分离现象

当燃料和空气流量调节到化学当量比时，即能出现稳定的本生火焰，其内锥为蓝绿色的预混火焰，外锥为淡黄色的扩散火焰，这种火焰可以用斯密塞尔分离法进行内外锥分离。在本生灯混合管外加同心玻璃套管，调节管架，外管升高，把外锥火焰分离开来。本生火焰及斯密塞尔火焰分离现象如图 7-5 所示。

火焰稳定性是气体燃料燃烧的重要特性，本生灯实验系统可以定量地测定燃料浓度对火焰传播稳定性的影响，例如在不同的空气/燃料比时，火焰会出现回火和吹脱等现象，同时能观察到火焰的顶部圆形效应、壁面淬熄效应（死区）及火焰外悬效应。改变可燃气的混合比，可以观察到火焰颜色的变化。当空气浓度较低时，扩散火焰占主要部分，反应不完全炭颗粒被析出，火焰呈黄色；空气浓度增大后变成预混火焰，反应温度高，完全燃烧，火焰呈蓝色。

B　气体燃料的射流燃烧

气体燃料的射流燃烧是一种常见的燃烧方式，燃料和氧化剂都是气相的扩散火焰。与预混火焰不同的是，射流扩散火焰燃料和氧化剂不预先混合，而是边混合边燃烧（扩散），因而燃烧速度取决于燃料和氧化剂的混合速度，它是扩散控制的燃烧现象。

射流扩散火焰可以由本生灯实验系统关闭一次空气而得到，一般扩散火焰颜色发黄，比预混火焰更明亮，更长，没有管内回火，燃料较富时易产生炭烟。

纵向受限同轴射流扩散火焰是研究和应用较多的一种火焰。将一根细管放在一粗管（玻璃管）内部，使两管同心，燃料和氧化剂分别从两管通过。在管口点燃。调整燃料和氧化剂流量可以得到贝克-舒曼火焰。

当燃料低速从喷嘴口流出，在管口点燃，可以得到层流扩散火焰。层流扩散火焰长度 h 与燃气体积流量 Q_{ed} 成正比。随着流速增大，层流扩散火焰开始向紊流扩散火焰过渡，焰尖呈刷状，进而破裂，火焰面抖动加剧；进一步增大流速，破裂点迅速向管口移动，然后保持在距出口一定高处，上部的火焰面已不连续。对于完全紊流火焰来说，增加流速，火焰高度也基本保持不变。

火焰高度可以用光学测高仪（读数望远镜）测量，管口雷诺数可按式（7-19）确定。

$$R_{ed} = \frac{vd}{\lambda} \tag{7-19}$$

式中 d ——喷嘴直径；

  λ ——燃料的运动黏度；

  v ——燃料从管口喷出的平均速度。

火焰的温度分布是火焰研究的重要内容。本实验中用铂-铑铂热电偶测定射流火焰的温度分布，并以数字温度表显示。

C 火焰面

在一定的气流量、浓度、温度、压力和管壁散热情况下，当点燃一部分燃气-空气混合物时，在着火处形成一层极薄的燃烧火焰面。这层高温燃烧火焰面加热相邻的燃气-空气混合物，使其温度升高，当达到着火温度时，就开始着火形成新的火焰面。这样，火焰面就不断向未燃气体方向移动，使每层气体都相继经历加热、着火和燃烧过程，即燃烧火焰锋面与新的可燃混合气及燃烧产物之间进行着热量交换和质量交换。

过量空气系数（即空气消耗系数）对火焰燃烧温度的影响如图 7-6 所示，预热空气温度对火焰燃烧温度影响如图 7-7 所示，过量空气系数对火焰传播速度的影响如图 7-8 所示。

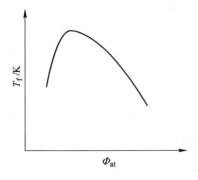

图 7-6 Φ_{at} 对 T_f 的影响

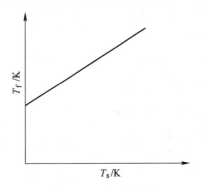

图 7-7 T_s 对 T_f 的影响

D 层流火焰传播速度

层流火焰传播速度（即燃烧速度）是气体燃料燃烧的重要特性之一，它不仅对火焰的稳定性和燃气互换性有很大的影响，而且对燃烧方法的选择、燃烧器设计和燃气的安全使用也有实际意义。测量火焰传播速度的方法很多，本实验中采用动力法进行测定。

正常法向火焰传播速度定义为在垂直于层流火焰前沿面方向上火焰前沿面相对于未燃混合气的运动速度。在稳定的本生火焰中，内锥面是层流预混火焰前沿面。在此面上某一点 P 处，混合

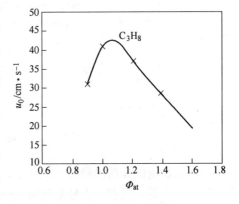

图 7-8 Φ_{at} 对 u_0 的影响

气流的法向分速度 w_f 与未燃混合气流的运动速度 u_s 即法向火焰传播速度 v_0 相平衡，这样

才能保持燃烧前沿面在法线方向上的燃烧速度如图 7-9 所示,即

$$u_0 = u_s \sin\alpha \qquad (7\text{-}20)$$

式中 u_s——混合气的流速,m/s;

     α——火焰锥角的一半。

或 $$u_0 = 318\frac{q_v}{r\sqrt{r^2 + h^2}} \qquad (7\text{-}21)$$

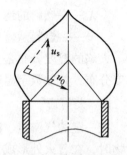

式中 q_v——混合气的体积流量,L/s;

     h——火焰内锥高度,cm;

     r——喷口半径,cm。

火焰高度 h ,可由光学测高仪测出。未燃气体的体积流量由流量计测得,管口半径用游标卡尺测量,火焰锥角通过光学透镜上的量角器直接量出锥体的顶角 2α 。

图 7-9   本生灯测火焰传播速度

【实验装置】

气体燃烧火焰特性综合实验系统如图 7-10 所示。整套实验装置包括:与实验系统配套的燃烧喷管和石英玻璃套管、小型空气压缩机、稳压筒(带干燥)、点火器、光学放大镜、量角器、游标卡尺、液化石油气以及有机玻璃挡风罩。

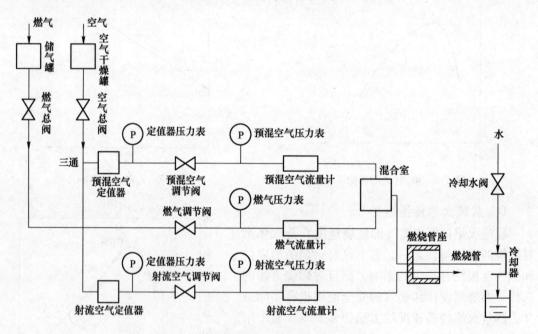

图 7-10   气体燃烧火焰特性综合实验系统

与实验系统配套的燃烧喷管共 4 根,分别标记为:Ⅰ号长喷管——细的长喷管;Ⅱ号长喷管——粗的长喷管;Ⅰ号短喷管——细的短喷管;Ⅱ号短喷管——粗的短喷管。

与实验系统配套的石英玻璃套管共 3 个,分别标记为:Ⅰ号玻璃管——最细的石英玻璃管;Ⅱ号玻璃管——中间的石英玻璃管;Ⅲ号玻璃管——最粗的石英玻璃管 。

【实验方法】

（1）本生火焰及斯密塞尔法火焰分离。

1）按实验原理系统图，检查并连接好各管路，装上Ⅰ号长喷管，并套上Ⅰ号玻璃管。

2）开启空气总阀和燃气总阀。

3）打开预混空气调节阀，使预混空气流量为一合适值，然后打开燃气调节阀，至合适流量后，用点火器在喷管出口处点火，点燃后，再调节空气和燃气流量，使管口形成稳定的本生火焰。

4）观察本生火焰的各种现象、火焰颜色及火焰形状的变化。

5）火焰内外锥分离：调节预混空气流量，使内焰稍有黄尖时，托起支撑环架，使玻璃外管升高，当外管口超过内管口时，火焰便移到外管口上；外管再升到一定距离，外锥仍留在外管口处，而内锥移至内管口燃烧，从而实现了火焰分离；玻璃外管继续升高，外锥被吹脱。

6）先关闭燃气和空气调节阀，再关闭空气总阀和燃气总阀，整理实验现场。

（2）气体燃料的射流燃烧、火焰长度及火焰温度的测定。

1）接通数字温度表电源。

2）安装好Ⅱ号短喷管，输入燃气和空气，在喷口点燃，获得稳定的预混火焰。打开射流空气调节阀，使射流空气流量为1000L/h左右，罩上Ⅱ号玻璃套管，缓慢关小预混空气调节阀，同时继续打开射流空气调节阀，直至预混空气全部关闭，实现从预混燃烧到扩散燃烧的转变，观察火焰现象的变化。

3）将燃气调节阀稳定在某一位置，调节射流空气流量，观察并比较空气不足和空气过量的火焰现象。过量：火焰明亮，成锥形，长度短；不足：火焰暗红，变长，冒烟，最后成碗形。

4）换装Ⅲ号石英玻璃同心套管。调节燃气量及射流空气量，形成不冒黑烟的稳定火焰。

5）调整装有热电偶的坐标架，使热电偶顺利穿过玻璃套管侧面的测温孔，并使热电偶球头接近火焰。调节微分测头，从火焰表面开始，使热电偶球头每隔0.5mm测量一个火焰温度。将测量结果记录到实验数据表格中。

6）换装Ⅱ号石英玻璃同心套管，调节燃气及空气流量，用直尺测量不同燃气流量时的火焰高度。将结果记录在实验数据表格中。

7）换装Ⅰ号短喷管，安装Ⅱ号石英玻璃同心套管，调节燃气及空气流量，测量不同燃气流量时的火焰高度。将结果记录在实验数据表格中。

8）关闭燃气和空气阀门，整理实验现场。

（3）本生灯法层流火焰传播速度。

1）调整光学放大镜，使放大镜的中心对准火焰内锥。

2）其他准备工作与（1）相同。

3）根据液化石油气火焰的稳定性曲线，预先估计制得各种混合比所需的空气和燃料流量，以避免燃料百分比数过于接近而影响曲线的绘图。

4）缓慢调节空气和燃气流量，当火焰稳定后，用量角器测得火焰内锥锥角。

测量状况不少于 6 种，为减少测量误差，对每种情况最好测三次，然后取平均值。

（4）静压法气体燃料火焰传播速度测定。

1）开启空气总阀，开启燃气总阀。

2）稍开预混空气调节阀及燃气调节阀，使石英玻璃管内充满一定浓度的可燃混合物。

3）用点火枪在石英玻璃管出口端点燃可燃混合气（注意点火枪不能直接对着玻璃管中心，防止流动的可燃混合气对点火花的吹熄）；如点火不成功，则重新调整燃气和空气的流量，保证可燃混合物处在着火浓度极限范围内，直至点火成功。

4）观察石英玻璃管口的火焰形态。

5）交替调节预混空气调节阀和燃气调节阀，使火焰呈预混火焰的特征。

6）微调空气阀和燃气阀，使可燃混合气流量微量减小，致使石英玻璃管口火焰锋面朝着可燃混合气一侧缓慢移动。当火焰锋面基本位于石英玻璃管中间段位置时，微量调节空气流量阀门，使可燃混合气流量微量增大。当燃烧速度等于可燃气的来流（供气）速度时，火焰行进速度等于零，此时，火焰锋面在玻璃管中央驻定静止不动。

如果供气速度调节过大，会造成火焰脱火；反之，会造成回火而吹熄，此时重复前面操作，直至燃烧火焰锋面在石英玻璃管中间段驻定。

7）管内的火焰特征，在有条件的情况下用数码相机或摄像机拍摄管内的火焰形状。

8）记录燃气、空气流量及压力，环境温度及当地大气压。

9）关闭燃气和空气阀门，整理实验现场。

【实验注意事项】

（1）实验台上的玻璃管需轻拿轻放，用完后横放在实验台里侧，以防坠落。

（2）燃烧火焰的温度很高，切勿用手或身体接触火焰及有关器件。

（3）燃烧完后的喷嘴口、水平石英管的温度仍很高，勿碰触，以防烫伤。

（4）在更换燃烧管时，手应握在下端，尽量远离喷嘴口。

（5）本生火焰分离、射流燃烧测量火焰长度和火焰温度及本生法测量火焰传播速度实验过程中切忌从火焰上方观察火焰。

【实验数据处理】

（1）本生火焰及斯密塞尔法火焰分离。

1）记录环境压力和温度，根据流量换算表（曲线和修正公式）把燃料和空气流量的指示值换算成实际流量值。

2）分别记录形成稳定的本生火焰及斯密塞尔法火焰分离时的燃气和空气的压力、流量值，计算各种情况下的空燃比，将数据填入数据记录表 7-7 中。

3）以空燃比为纵坐标，燃料量为横坐标，绘制火焰稳定性曲线。

燃料：_____；室温：_____；水温：_____；

空气压力：_____；燃料压力：_____；管出口面积：_____。

（2）气体燃料的射流燃烧、火焰长度及火焰温度的测定。

1）根据表 7-8 中从数字式温度计读得的温度值，做出火焰断面温度分布曲线。

2）根据理想气体状态方程式（等温），将燃气测量流量换算成喷管出口压力（当地大气压）下的流量值，填入表7-9中。

3）做出 $h - q_v$（火焰高度与燃气的体积流量）曲线。

（3）本生灯法层流火焰传播速度。

1）根据理想气体状态方程式（等温），将燃气和空气测量流量换算成（当地大气压下）喷管内的流量值，然后计算出混合气的总流量，求出可燃混合气在管内的流速 u_s，并求出燃气在混合气中的百分数。

2）计算出火焰传播速度 u_0，将有关数据填入表7-10内，以火焰传播速度为纵坐标，绘制火焰传播速度相对于燃气百分比的曲线。

喷管口面积：＿＿＿＿＿；室温：＿＿＿＿＿℃；当地大气压：＿＿＿＿＿kPa。

（4）静压法气体燃料火焰传播速度测定。

根据理想气体状态方程式（等温），将燃气和空气测量流量换算成（当地大气压下）石英玻璃管内的流量值，然后计算出混合气的总流量，求出可燃混合气在管内的流速 u_s（石英玻璃管内径12.7mm）。由于火焰锋面驻定时 $u_p = 0$，可以近似认为火焰传播速度 u_0 等于来流速度 u_s。

表7-7　层流火焰稳定性测定

序号	黄尖				回火				圆锥火焰				吹脱			
	燃气		空气		燃气		空气		燃气		空气		燃气		空气	
	压力 /kPa	流量 /L·h⁻¹	压力 /kPa	流量 /L·h⁻¹	压力 /kPa	流量 /L·h⁻¹	压力 /kPa	流量 /L·h⁻¹	压力 /kPa	流量 /L·h⁻¹	压力 /kPa	流量 /L·h⁻¹	压力 /kPa	流量 /L·h⁻¹	压力 /kPa	流量 /L·h⁻¹
1																
2																
3																
4																
5																
6																
7																
8																
9																
10																

表7-8　火焰温度分布测定记录

项目	测点/mm 温度/℃	0	1	2	3	4	5	6	7	8	9	10	11	12
Ⅰ号短喷嘴	1													
	2													
Ⅱ号短喷嘴	1													
	2													

表7-9 扩散火焰长度 *h* 与燃气流量的关系   大气压力：_____

项目　　数值　　工况	Ⅰ号短喷嘴				Ⅱ号短喷嘴			
	1	2	3	4	1	2	3	4
燃气流量/mL·s⁻¹								
燃气压力/Pa								
火焰高度/mm								
换算后燃气流量 /mL·s⁻¹								

表7-10 本生灯法层流火焰传播速度的测定

序号	燃气测量值		空气测量值		折算流量/L·h⁻¹		总流量 q_v /mL·s⁻¹	燃气体积 百分数/%	气流出口 速度 u_s /cm·s⁻¹	火焰传播 速度 u_0 /cm·s⁻¹	火焰高度 /mm	
	压力 /kPa	流量 /L·h⁻¹	压力 /kPa	流量 /L·h⁻¹	燃气	空气						
1											1	
											2	
											3	
											平均	
2											1	
											2	
											3	
											平均	
3											1	
											2	
											3	
											平均	
4											1	
											2	
											3	
											平均	

【思考题】

（1）本实验台中对本生灯进行了哪些改进，为什么要对本生灯进行改进？

（2）本生灯内外锥各是什么火焰，为什么，什么情况下本生灯的外锥比较明显？

（3）丁烷（煤气）的最大火焰传播速度是多大，对应的燃料比是多少，误差如何？

（4）当出口为圆管时，本生火焰是什么形状的，火焰总面积怎么确定？

（5）应选定内锥的哪个面作为火焰前沿面，为什么，测量锥角时应注意什么？

（6）测量富燃料的火焰传播速度时，存在什么困难，用本生灯法是否能解决？

（7）扩散火焰与预混火焰有哪些主要区别？

（8）当燃料输入量较大时，火焰会大量冒烟，试描述一下黑烟的分布。

（9）用热电偶测量火焰温度有何利弊？

（10）回火现象产生的原因是什么？列举热工实验中采用了哪些防止回火爆炸的措施。

（11）简述以下过程中火焰的变化情况：充分预混火焰→逐渐减少预混空气，增加射流空气→关闭预混空气，形成射流火焰→逐渐减少射流空气。

8 传热传质学实验

实验 1　二维墙角温度场的电热比拟测定

基于导热与导电两类现象之间的类比关系，用电场模拟温度场的方法是一种物理模拟法。它可用不同的方法来实现，如导电纸、导电液、电阻电容网络，其中电阻电容网络可以实现二维温度场的模拟。物理模拟与数学模拟相比，直观效果更好。

对于电阻率不变的均质材料，其稳态电传导和几何形状相似的物体的热传导之间存在类比关系，彼此可以类比，即导电体内的电位分布可用来模拟导热体内的温度分布，电阻可模拟热阻，电流可以模拟热流。因此，只要导电体与导热体几何形状及其边界条件相似，就可以利用导电体内的电位分布来模拟导热体内的温度分布。由于二维电场在实验室中容易实现，又便于测量显示，因此可以很直观地通过电场来观测温度场。这就是电热比拟。

【实验目的】

（1）了解电热比拟的原理并学会应用。

（2）增强热阻的概念。

（3）测量不同边界条件下二维墙角的温度分布。

（4）验证导热数值计算的结果。

【实验原理】

该实验是建立在导热和导电现象有类似数学描写式的基础上的。在热系统中，对于具有均匀热扩散率 a 的二维导热区域，其热传导的微分方程为：

$$\frac{\partial t}{\partial \tau} = a\left(\frac{\partial^2 t}{\partial x^2} + \frac{\partial^2 t}{\partial y^2}\right) \tag{8-1}$$

而在电系统中，对于单位长度电阻及单位长度电容为常数的二维导电区域，其电势 e 的微分方程为：

$$\frac{\partial e}{\partial \tau} = \frac{l}{R_L \cdot C_L}\left(\frac{\partial^2 e}{\partial x^2} + \frac{\partial^2 e}{\partial y^2}\right) \tag{8-2}$$

当热系统和电系统中的时间 τ 的尺度相同，且 $l/(R_L \cdot C_L) = a$ 时，两微分方程相似。

在稳态过程中，$\partial t/\partial \tau = \partial e/\partial \tau = 0$，所以式（8-1）、式（8-2）均转化为 Laplace 方程：

$$\frac{\partial^2 t}{\partial x^2} + \frac{\partial^2 t}{\partial y^2} = 0 \tag{8-3}$$

$$\frac{\partial^2 e}{\partial x^2} + \frac{\partial^2 e}{\partial y^2} = 0 \qquad (8\text{-}4)$$

由此可见，如果电、热系统的边界条件也相似，则可用电势来模拟温度，通过测出电势的大小，即可换算出相应的温度值。

电热比拟装置用电阻元件构成，其组成电阻网络式电模拟。对于网络而言，模拟是建立在差分方程相类似的基础上的。

当导热系统为常数时，对均匀的网络如图 8-1（a）所示，其二维稳态导热的差分方程为：

$$t_{i+1,\,j} + t_{i-1,\,j} + t_{i,\,j+1} + t_{i,\,j-1} - 4t_{i,\,j} = 0 \qquad (8\text{-}5)$$

相应的电网络（见图 8-1（b））节点上的电势方程为：

$$\frac{e_{i-1,\,j} - e_{i,\,j}}{R_1} + \frac{e_{i,\,j-1} - e_{i,\,j}}{R_2} + \frac{e_{i+1,\,j} - e_{i,\,j}}{R_3} + \frac{e_{i,\,j+1} - e_{i,\,j}}{R_4} = 0 \qquad (8\text{-}6)$$

只要满足 $R_1 = R_2 = R_3 = R_4$ 的条件，式（8-5）和式（8-6）完全相类似。

对电阻网络来模拟一个具体的热系统时，还必须使电－热关系之间有类似的边界条件，当满足时，电网络节点测得的电势分布才能真正模拟热系统中的温度分布。

对于等温边界条件，只要在电模型的边界节点上维持等电势即可。

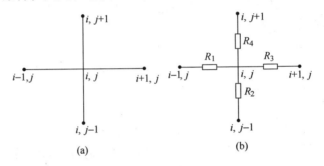

图 8-1　热、电系统网络示意图

对于对流边界条件，不难证明只要 $R_1 = R_3 = 2R_2$ 同时 $R_4 = \dfrac{\lambda}{an}R_2$，就可使边界条件与热系统相类似，其中 λ 为材料导热系数，a 为对流换热系数，n 为网络步长。

【实验装置】

墙角的几何尺寸如图 8-2 所示，材料的导热系数 $\lambda = 0.53\text{W}/(\text{m}\cdot\text{℃})$

（1）等温边界条件：墙外壁温度 $t_1 = 30\text{℃}$；墙内壁温度 $t_2 = 0\text{℃}$，相应的电压为 3V。

（2）对流边界条件：墙外壁与周围流体的对流换热系数 $a_1 = 9.30\text{W}/(\text{m}^2\cdot\text{℃})$；墙内壁与周围流体的对流换热系数 $a_2 = 3.93\text{W}/(\text{m}^2\cdot\text{℃})$。墙外流体的温度 $t_{\infty 1} = 30\text{℃}$；墙内流体的温度 $t_{\infty 2} = 10\text{℃}$，相应的电压为 2V。

【实验方法】

（1）接好电源线。等温边界条件的二维墙角直流电源输出电压为 3V，对流边界条件的输出电压为 2V。

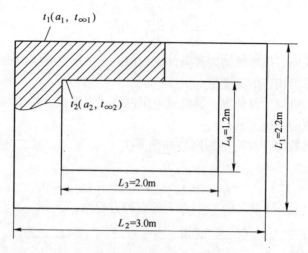

图 8-2　墙角的几何尺寸

（2）仪器预热 5min 以上开始实验。

（3）用万用表依次测量每个节点的电压值（以负端为零位），并做好记录。

（4）按其对应的电压、温度比例系数将电压值换算成温度值。

（5）在测量区域上，按测得的温度值画出三条等温线，曲线要求既光滑又连续。

（6）计算通过墙角内、外壁的热量。

【实验注意事项】

（1）直流电源电压值不能超过 3V，否则会烧毁仪器。

（2）每个节点测数次后取平均值。

（3）电压读数一定要精确，要求指示值精读到 0.01V。

（4）做完实验后，拔下电源插头，关上仪表开关，并把仪器整理好。

【实验数据处理】

（1）等温边界条件。

$$C_1 = \frac{e_1 - e_2}{t_1 - t_2} \quad C_1 = 0.1$$

所以
$$t_1 = t_2 + \frac{\Delta e}{C_1} \tag{8-7}$$

（2）对流边界条件。

$$C_2 = \frac{e_{\infty 1} - e_{\infty 2}}{t_{\infty 1} - t_{\infty 2}} \quad C_2 = 0.1$$

所以
$$t_1 = t_{\infty 2} + \frac{\Delta e}{C_2} \tag{8-8}$$

【思考题】

（1）用本实验装置模拟出的二维温度场与计算机数值模拟出的二维温度场是否存在差异？如果存在，分析产生的原因。

（2）简述二维墙角温度场电热比拟实验的实验原理。

实验 2　稳态平面热源法测定材料导热系数

导热系数是表征材料导热能力的物理量。对于不同的材料，导热系数是不同的；对同一材料，导热系数也会随着温度、压力、湿度、物质的结构和重度等因素的变化而变化。各种材料的导热系数都需要用实验的方法来测定，稳态平板法是基于使试件内建立起一维导热过程以测定材料导热系数的一种方法。因平板试件的配置不同，可分为：单平板法、双平板法和平板比较法。这些方法的实验装置各有特点，但最关键的一点是都需在试件内设法建立起一维稳态温度场，以便于准确计量通过试件的导热量及试件两侧表面的温度。

【实验目的】

（1）巩固和深化稳定导热过程的基本理论，学习用平板法测定绝热材料导热系数的实验方法和技能。

（2）测定试验材料的导热系数。

（3）确定试验材料导热系数与温度的关系。

【实验原理】

通过薄壁平板（壁厚小于十分之一壁长和壁宽）的稳态导热量为：

$$Q = \frac{\lambda}{\delta} \cdot \Delta t \cdot F$$

测定时，如果将平板两面的温差 $\Delta t = t_R - t_L$、平板厚度 δ、垂直热流方向的导热面积 F 和通过平板的热流量 Q 测定以后，就可以根据下式得出导热系数：

$$\lambda = \frac{Q \cdot \delta}{\Delta t \cdot F}$$

需要指出，上式所得的导热系数是当时平均温度下材料的导热系数值，此平均温度为：

$$\bar{t} = \frac{1}{2}(t_R + t_L)$$

不同的温度条件下测出相应的 λ 值，就可以得出 λ 与 $\bar{t}$ 之间的关系曲线。

【实验装置】

稳态平板法测定绝热材料导热系数的实验装置如图 8-3 和图 8-4 所示。

实验材料被做成两块方形薄壁平板试件，平板试件分别被夹紧在加热器的上、下热面和上、下水套的冷面之间。利用薄膜式加热片来实现对上、下试件热面的加热，而通过循环冷却水来实现对上、下导热面的冷却。

在中间部位上安设的加热器为主加热器，在主加热器四周设有四个辅助加热器。主加热器的中心位置、水套冷面的中心位置以及辅助加热器的热面埋设了六个镍铬-康铜热电

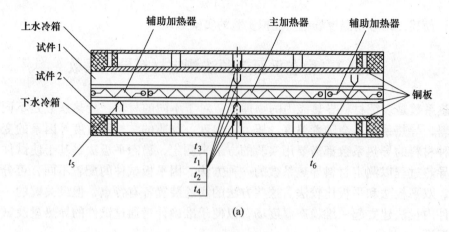

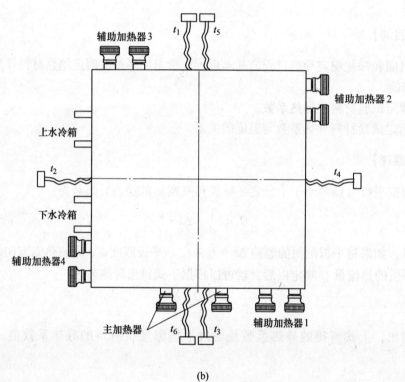

图 8-3 实验台结构示意图

（a）实验台内部结构；（b）实验台外部结构

偶，用来测量温度。

（1）实验台主要参数：

1）实验材料：聚氯乙烯。

2）试件外形尺寸：300mm×300mm。

3）导热计算面积：主加热器的面积 0.04m²，辅加热器的面积 0.05m²。

4）试件厚度 δ：20mm。

5）主加热器电阻值：040020#83.5Ω；040021#78.8Ω。

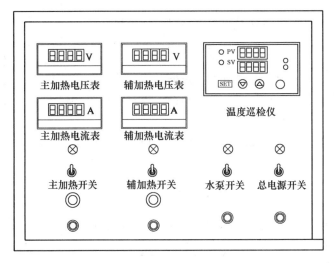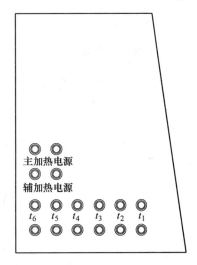

图 8-4 实验台面板示意图

6）辅加热器电阻值：040020#42.4Ω；040021#40.9Ω。

7）热电偶：E 型。

8）试件最高加热温度：≤80℃。

9）主加热器电压直流：0～50V，电流：0～2A（可调）。

10）辅助加热器电压直流：0～50V，电流：0～2A（可调）。

（2）巡检仪各个通路显示的温度：

01，02（即 t_1，t_2）：两个试件中心位置热面温度。

03，04（即 t_3，t_4）：两个试件中心位置冷面温度。

05，06（即 t_5，t_6）：辅助加热器热面温度。

【实验方法】

（1）将两个平板试件安装在加热器的上下面，试件表面与铜板严密接触。在试件、加热器和水套等安装入位后，在上面加压一定的重物。

（2）关闭主、辅加热电源开关及水泵开关，打开总电源开关，并检查各热电阻信号（温度）是否正常。

（3）打开水泵开关，检查冷却水水泵及其通路是否能正常工作。调节水阀门开度使其尽量一致。

（4）接通主加热器电源，并调节到合适的电压（建议由低至高间隔3V，逐渐分段加热），开始加温，然后开启辅助加热电源使加温电压与主加热器电压接近。一段时间后，观察辅助加热面的温度是否与主加热面的温度一致，然后适当调整辅助加热器的电压，使主、辅加热温度相一致。

（5）待试件的热面温度和冷面温度基本稳定时，就可以读出电功率 W（或电压 V 和电流 I）和温度，然后再取平均值。

（6）一个工况结束后，可以将设备调到另一工况，即调节主加热器功率（以从小到大为宜），再按上述方法进行。注意：调节的电功率不宜过大，一般在 5～10W 为宜。

（7）实验结束后，先切断加热器电源，经过 10min 左右再关闭水泵。

【实验注意事项】

（1）调节完工况之后，一定要耐心等到稳态后再记录数据。

（2）加热电压只能依次加大，绝对不能减小。由于实验台电压量程所限，每次增加的电压不能大于 5V。

（3）认真守在实验台旁观察、记录数据，切勿乱调工况，以免影响下面小组的同学进行实验。

【实验数据处理】

实验数据取实验进入稳定状态后的连续三次稳定结果的平均值，并记入表 8-1。

表 8-1 实验记录表

序　号	试件中心位置热面温度 t_R/℃	试件中心位置冷面温度 t_L/℃	$\Delta t = t_R - t_L$ /℃	主加热器		Q/W
				电流/A	电压/V	
1						
2						
3						

（1）导热量（即主加热器的电功率）。

$$Q = W \quad 或 \quad Q = I \cdot V$$

式中　W——主加热器的电功率值；

I——主加热器的电流值；

V——主加热器的电压值。

由于设备为双试件型，导热量向上下两个试件（试件 1 和试件 2）传导，所以有

$$Q_1 = Q_2 = \frac{Q}{2} = \frac{W}{2} \quad 或 \quad Q_1 = Q_2 = \frac{1}{2}I \cdot V$$

（2）试件两面的温差。

$$\Delta t = t_R - t_L$$

式中　t_R——试件的热面温度（即 t_1 或 t_2）；

t_L——试件的冷面温度（即 t_3 或 t_4）。

（3）平均温度。

$$\bar{t} = \frac{t_R + t_L}{2}$$

（4）平均温度为 $\bar{t}$ 时的导热系数。

$$\lambda = \frac{W \cdot \delta}{2(t_R - t_L)F} \quad 或 \quad \lambda = \frac{I \cdot V \cdot \delta}{2(t_R - t_L)F}$$

在 λ-$\bar{t}$ 坐标中，绘出 λ-$\bar{t}$ 的关系曲线，并求出 $\lambda = f(\bar{t})$ 的关系式。

【思考题】

（1）可否用此仪器测量湿材料的导热系数？

（2）为什么必须把试件压紧在加热器上，试件不平或厚薄不均会带来什么结果？

实验3　准稳态法测绝热材料的导热系数和比热实验

目前，工程材料的热物理性质基本上都需要由实验方法确定，所使用的方法是经典的稳态法（如双平板稳态法和非稳态法）。众所周知，稳态法的实验测定装置都较为复杂，且实验时间较长，但计算简单，且准确度高；而非稳态法（分为正规状况法、准稳态法和综合法）的实验装置并不复杂，一般可以在较短的时间内在较宽的测量范围内连续获取一系列的待测参数，在实际工程应用中具有较大的实用价值。

当给定被测物体表面一个恒定的热流密度 q，经过一段加热时间，一般在满足傅里叶数 $F_0 > 0.5$ 以后，物体内各点的温度随时间呈线性变化，温度的变化速率与表面恒定热流密度有关。利用这一非稳态特性，测量物体的热导率等热物性参数的方法，称为准稳态法。

【实验目的】

（1）巩固和深化非稳定导热过程的基本理论，学习用准稳态法测定绝热材料导热系数和比热的实验方法和技能。

（2）掌握热电偶的测温原理和测温方法。

（3）测定试验材料的导热系数。

【实验原理】

以第二类边界条件和无限大平板的导热原理为基础，设平板厚度为 2δ，如图8-5所示，初始温度为 t_0，平板两面受恒定的热流密度 q 均匀加热。求任何瞬间平板厚度方向的温度分布 $t(x,\tau)$。其导热微分方程式、初始条件和第二类边界条件为：

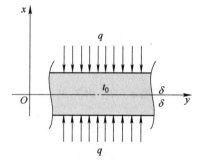

图8-5　无限大平板非稳态导
热物理模型

$$\frac{\partial t(x,\tau)}{\partial \tau} = a\frac{\partial^2 t(x,\tau)}{\partial x^2}$$

$$0 < x < (\pm\delta)，\tau > 0$$

$$t(x,0) = t_0，0 \leqslant x \leqslant (\pm\delta)$$

在边界上平板的上下表面温度随厚度变化，即热流密度为常数。

$$\frac{\partial t(x,\tau)}{\partial x}\bigg|_{x=\pm\delta} + \frac{q}{\lambda} = 0$$

在平板的中心处，温度随厚度变化，即热流密度为零。

$$\frac{\partial t(x,\tau)}{\partial x}\bigg|_{x=0} = 0$$

这时方程的解析解为：

$$t(x,\tau) - t_0 = \frac{q}{\lambda}\left[\frac{a\tau}{\delta} - \frac{\delta^2 - 3x^2}{6\delta} + \delta\sum_{n=1}^{\infty}(-1)^{n+1}\frac{2}{\mu_n^2}\cos\left(\mu_n\frac{x}{\delta}\right)\exp(-\mu_n^2 Fo)\right] \quad (8-9)$$

式中 τ——时间，s；

  q——沿 x 方向从端面向平板加热的恒定热流密度，$\mathrm{W/m^2}$；

  λ——平板的导热系数，$\mathrm{W/(m \cdot \mathbb{C})}$；

  a——平板的导温系数，$\mathrm{m^2/s}$；

  μ_n——$\mu_n = n\pi$，$n = 1,\ 2,\ 3,\ \cdots$；

  Fo——傅里叶数，$Fo = \dfrac{a\tau}{\delta^2}$；

  t_0——初始温度，$\mathbb{C}$。

随着时间 τ 的延长，Fo 数变大，式（8-9）中的级数和项越小。当 $Fo > 0.5$ 时，级数和项变得很小可以忽略，式（8-7）变成：

$$t(x,\ \tau) - t_0 = \frac{q\delta}{\lambda}\left(\frac{a\tau}{\delta^2} + \frac{x^2}{2\delta^2} - \frac{1}{6}\right) \tag{8-10}$$

由此可见，当 $Fo > 0.5$ 后，平板各处的温度和时间呈线性关系，温度随时间变化的速率是常数，并且到处相同，这种状态为准稳态。在准稳态时，平板中心面 $x = 0$ 处的温度为：

$$t(0,\tau) - t_0 = \frac{q\delta}{\lambda}\left(\frac{a\tau}{\delta^2} - \frac{1}{6}\right)$$

平板加热面 $x = \delta$ 处温度为：

$$t(\delta,\tau) - t_0 = \frac{q\delta}{\lambda}\left(\frac{a\tau}{\delta^2} + \frac{1}{3}\right)$$

此两面的温差为：

$$\Delta t = t(\delta,\tau) - t(0,\tau) = \frac{1}{2}\frac{q\delta}{\lambda} \tag{8-11}$$

如已知 q、d，再测出 Δt，就可以由式（8-11）求出导热系数为：

$$\lambda = \frac{q\delta}{2\Delta t} \tag{8-12}$$

实际上，无限大平板是无法实现的，实际总是用有限尺寸的试件。一般认为，试件的横向尺寸为厚度的六倍以上，两侧散热对试件中心温度的影响可忽略不计，试件两断面中心处的温差等于无限大平板时两断面的温度差。

根据热平衡原理，在准稳态时有下列关系：

$$q \cdot A = c \cdot \rho \cdot \delta \cdot A \cdot \frac{\mathrm{d}t}{\mathrm{d}\tau} \tag{8-13}$$

式中，A 为试件的横截面积；c 为比热容，ρ 为密度；$\dfrac{\mathrm{d}t}{\mathrm{d}\tau}$ 为准稳态时的温升速率。

由式（8-13）可得：

$$c = \frac{q}{\rho\delta\dfrac{\mathrm{d}t}{\mathrm{d}\tau}} \tag{8-14}$$

用式（8-14）可求出试件比热，实验时 $\dfrac{\mathrm{d}t}{\mathrm{d}\tau}$ 以试件中心处为准。

【实验装置】

按上述理论模型设计的实验装置如图 8-6 所示，实验本体由四块厚度、面积完全相同的被测试件组成，它们齐叠在一起，分别在试件 1 和试件 2 及试件 3 和试件 4 之间放入加热器，在试件 2 和试件 3 的交界面中心以及其中一个电加热器的中心各放置一对热电偶，放好绝热层后，用机械的方式适当加以压力以保持各试件之间接触良好。

（1）被测试件：被测试件为尺寸完全相同的有机玻璃，尺寸为 100mm × 100mm × 10mm。每块上下面平行，且表面平整。

（2）加热器：采用高电阻康铜箔平面加热器，康铜箔厚度仅 20μm，加上保护箔的绝缘薄膜，总共只有 70μm。电阻值稳定，在 0～100℃ 范围不变。加热器面积和被测试件相同，是 100mm×100mm 的正方形。两个加热器电阻值的差值在 0.1% 范围以内。加热器由直流稳压电源供电，其加热功率直接由稳压电源读出。

（3）绝缘层：用导热系数比试件小得多的材料做绝热层，放置在实验本体的顶面和底面，力求减少通过它的热量，使试件 1、试件 4 与绝热层的接触面接近绝热，进而使整个实验本体具有良好的保温特性。这样，可假定式（8-12）中的热量 q 等于加热器发出热量的 $1/2$。

（4）热电偶：实验台测温采用铜-康铜热电偶，其分度表见附录 1，热电偶连线如图 8-7 所示。

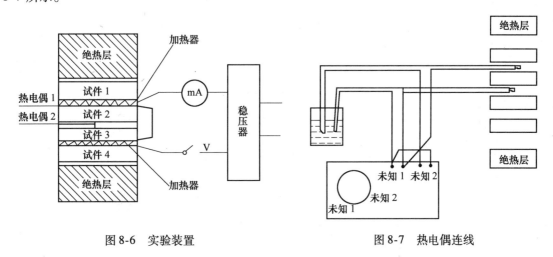

图 8-6　实验装置　　　　　　　　图 8-7　热电偶连线

（5）电子电位差计：实验台采用 UJ33 型电子电位差计，且倍率选在"×0.1"，所测热电势值均要乘以 0.1。

【实验方法】

（1）校对电位差计的工作电流。将测量转换开关转至"未知 1"，测出试件加热前的温度，此温度应等于室温。再将测量转换开关转到"未知 2"，测出温差，此值应为零热电势，差值最大不得超过 4μV，即相应初始温度差不得超过 0.1℃。

（2）接通加热器开关 K，给加热器通以恒定电流（实验过程中，电流不允许变化。此数值事先经实验确定）。同时启动秒表，每隔 1min 测出一个数值，奇数值时刻（1min，

3min，5min）测未知 2 端热电势的微伏数，偶数值时刻测未知 1 端热电势的微伏数，将数据记入表 8-2。经一段时间后（随所测材料而不同，一般在 10～20min）系统进入准稳态，未知 2 端热电势的数值保持不变，即式（8-12）中的温差 Δt，记录下电流值。

（3）实验结束，将加热器开关 K 切断（注意：试件不能连续做实验，必须经过 4h 以上的放置和室温平衡后才能做下一次实验）。

（4）实验全部结束必须断开电源，一切恢复原状。

表 8-2　实验数据记录与整理表

测量次序	未知 1		未知 2	
	热电势数值/μV	温度/℃	热电势数值/μV	温度/℃
0				
1				
2				
3				
4				
5				
6				
7				
8				
9				
10				
11				
12				
13				
14				
15				
16				
17				
18				
19				
20				

【实验注意事项】

（1）直流数字电压表使用前必须预热 1h（经剧烈条件变化或长期不用时预热时间在 2～3h）。在插上电源线前必须关闭电源开关，以免烧断保险丝。

（2）必须把直流稳压稳流电源作为恒流源使用，电流一般在 0.2A 左右，加热功率在 10W 左右。

（3）一定要在熟知实验操作方法之后，才能打开直流稳压电源开关。准稳态期很快，容易错过。

（4）实验要求一次成功，如中途失败，需待试件冷却至室温后才能进行第二次测量。

（5）实验测温采用热电偶，未知 1 测得的热电势在转换成温度的时候需要加冷端补偿。未知 2 测得的热电势不用加室温补偿。

【实验数据处理】

加热器电流 I：_____ （A）；　　　两加热器电阻的平均值 R：100（Ω）；

试件截面尺寸 A：0.01（m^2）；　　　试件厚度 δ：0.01（m）；

试件材料密度 ρ：1200（kg/m^3）；　　　热流密度 $q = \dfrac{I^2 R}{2A}$：_____（W/m^2）。

【思考题】

（1）讨论稳态、准稳态、非稳态传热过程的差异。

（2）本方法能否测量金属材料的导热系数，为什么？

（3）准稳态测绝热材料导热系数实验中，未知 1 和未知 2 分别测量的都是什么量，他们的测量值在转换成温度时有什么不同，在电位差计没有故障、操作方法正确的前提下，测量这两个量的时候，如果检流计的指针一直不指向"0"是什么原因？

实验 4　横管表面空气自然对流换热实验

不依靠泵或风机等外力推动，由流体自身温度场的不均匀性引起的流动称为自然对流或称自由流动。例如，电子元件散热、冰箱排热管散热、暖气片散热及冷库中冷却管的吸热，都是自然对流换热的应用实例。

单相流体自由流动换热取决于流体的运动状态、流体物性、壁面的几何特征（形状、尺寸、位置等）以及换热的边界条件，如何确定换热系数与有关影响它的物理量之间的内在联系成为研究的重要工作。

求取换热系数的表达式有两个基本途径：一是分析法以及包括比拟法在内的理论解法；二是应用相似原理或量纲分析法，将众多的影响因素归并成为为数不多的几个无量纲的准则，通过实验确定换热系数的具体实验关联式，它是在理论指导下的实验研究方法。它们在解决对流换热问题上起相辅相成的作用。

【实验目的】

（1）了解横管表面空气自然对流换热的实验方法，巩固课堂上学过的知识。

（2）测定单管的自然对流换热系数 a。

（3）根据对自然对流换热的相似分析，整理出准则方程式。

（4）掌握简单的热工测量技术，熟悉功率表、电位差计等仪表的使用方法。

【实验原理】

对横管进行电加热，达到稳定态后，若忽略横管对空气的导热，则横管向外界的散热可看作是以对流和辐射两种方式来进行的，所以对流换热量为总散热量与辐射换热量之

差，即

$$Q_c = Q - Q_r = aF(t_w - t_f)$$

其中，$Q = P$，因此

$$a = \frac{P}{F(t_w - t_f)} - \frac{c_0\varepsilon}{(t_w - t_f)}\Big[\Big(\frac{T_w}{100}\Big)^4 - \Big(\frac{T_f}{100}\Big)^4\Big]$$

式中　Q——总散热量，W；

　　　Q_r——辐射换热量，W；

　　　Q_c——对流换热量，W；

　　　P——电加热功率，W；

　　　ε——横管表面黑度；

　　　t_w——管壁平均温度，℃；

　　　t_f——室内空气温度，℃；

　　　a——自然对流换热系数，W/(m²·K)；

　　　F——对流换热面积，m²；

　　　c_0——黑体的辐射系数，5.67W/(m²·K⁴)。

　　根据相似理论，对于自然对流换热，努塞尔数 Nu 是格拉晓夫数 Gr 和普朗特数 Pr 的函数，即：$Nu = f(Gr, Pr)$，可表示成：

$$Nu = c\,(Pr \cdot Gr)^n$$

　　其中 c、n 是需通过实验所确定的常数。为了确定上述关系式的具体形式，根据所测数据的计算结果，求得准则数：

$$Nu = ad/\lambda \qquad Gr = g\beta\Delta t d^3/\nu^2$$

式中　d——横管直径，m；

　　　λ——空气的导热系数，W/(m·K)；

　　　g——重力加速度，m/s²；

　　　ν——空气的运动黏度，m²/s；

　　　β——空气的热膨胀系数，$\beta = \dfrac{1}{t_m + 273}$，1/K；

　　　t_m——定性温度，℃；

　　　Δt——温差，℃。

其中，物性参数 λ、Pr、ν 由定性温度从教科书中查出。

　　改变电加热功率，可求得不同电功率加热条件下的准则数，把这几组数据标在对数坐标纸上，得到以 Nu 为纵坐标、以 $Gr \cdot Pr$ 为横坐标的一系列点，画一条直线，使大多数点落在这条直线上或周围，根据：$\lg Nu = \lg c + n\lg(Gr \cdot Pr)$ 得这条直线的斜率即为 n，截距为 c。

【实验装置】

　　实验装置如图 8-8 所示，包括紫铜横管（共四种型号，结构如图 8-9 所示），测量仪表有电位差计、调压变压器和功率表。

　　管沿不同轴向位置在管壁上有镍铬-考铜热电偶嵌入，以进行管壁的温度测量，由电位差计读数反映出管壁的热电势；稳压器可稳定输入电压，使加热横管的功率保持恒定；功率表测定电加热器的加热功率，见表 8-3。

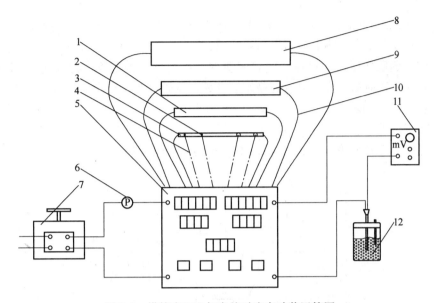

图 8-8　横管表面空气自然对流实验装置简图

1—横管Ⅲ；2—横管表面热电偶嵌入点；3—横管Ⅳ；4—镍铬-考铜热电偶；

5—热线盒，即操作平台（未画横管Ⅰ、Ⅱ、Ⅲ的热电偶输出线）；6—功率表；7—调压器；

8—横管Ⅰ；9—横管Ⅱ；10—电源引出线；11—电位差计；12—冰瓶

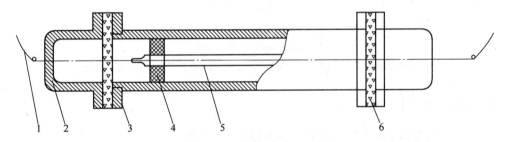

图 8-9　实验横管结构示意图

1—电源引出线；2—电源引出孔；3—聚苯乙烯泡沫；4—绝热材料（石棉板）；5—电加热器；6—法兰

表 8-3　各横管具体参数表

型　号	管径 d/mm	管长 L/mm	黑度 ε	电阻丝最大功率 P_{max}/W	管轴向测量点数目 k
Ⅰ	80	1600	0.11	1000	6
Ⅱ	55	1400	0.15	800	6
Ⅲ	40	1200	0.15	500	4
Ⅳ	20	1000	0.15	300	4

【实验方法】

（1）在指导老师检查完热电偶接线后，连接电位差计和冷端热电偶（若无冰点条件，可不接冷端热电偶，但须加上冷端补偿）。

（2）选择实验横管型号，开启横管加热开关（操作平台如图 8-10 所示）开始加热。

（3）加热稳定 6h 后，对电位差计进行调零、校准并选好量程，依次选择测量点按钮，开始记录管壁各点相应的热电势 mV_i（$i = 1$，2，3，$\cdots$，k）。

（4）调节调压变压器，每隔一定时间测取一次温度，根据管壁温度随时间的变化情况，判断是否达到稳态，待工况达到稳态后开始记录管壁各点相应的热电势。

（5）再次增大加热功率，重复步骤（4）、（5）。

（6）记下玻璃温度计指示的空气温度 t_f 和功率表显示的加热功率 P。

（7）经指导教师同意，将调压器调整回原位，关闭操作平台上所有控制按钮，切断电源。

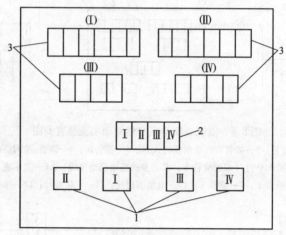

图 8-10　操作平台示意图

1—横管加热开关；2—试验横管型号选择按钮；3—横管轴向测量点选择按钮

【实验注意事项】

（1）一定要等到实验工况达到稳态后再记录实验数据。

（2）每次增加的加热功率一定不能过大，否则达到热稳态所需的时间就会很长，影响实验进度。

（3）实验测温采用热电偶，在计算温度的时候需要加室温补偿。

（4）为使实验横管表面的空气自由流动不受干扰，尽量保证实验管周围的空气处于静止状态。

【实验数据处理】

根据所测管壁各点热电势，算出平均值 $mV = (mV_1 + mV_2 + \cdots + mV_k)/k$，由镍铬-考铜热电偶分度表查出对应的温度 t_w；并计算温差 $\Delta t = t_w - t_f$。

（1）求对流换热系数 a。

$$a = \frac{P}{F(t_w - t_f)} - \frac{c_0 \varepsilon}{(t_w - t_f)}\left[\left(\frac{T_w}{100}\right)^4 - \left(\frac{T_f}{100}\right)^4\right]$$

式中，$F = \pi d L$。

（2）查出物性参数。

定性温度取空气边界层平均温度 $t_m = \dfrac{t_w + t_f}{2}$ ，从教科书的附录中查出空气的导热系数 λ 、运动黏度 ν 和普朗特数 Pr 。

（3）用标准公式计算对流换热系数 a' 。

$$Nu = 0.53 \, (Pr \cdot Gr)^{1/4}$$

$$a' = Nu\lambda/d$$

（4）求相对误差。

$$相对误差 = \left| \frac{a - a'}{a'} \right|$$

（5）以班组为单位整理准则方程，把求得的有关数据代入准则式中可得到准则数，再把对应的数据标在对数坐标纸上，几组数据可做出一条直线，求出 $Nu = c \, (Pr \cdot Gr)^n$ 式中的 c 和 n ，并与标准公式进行比较。

表 8-4 为实验数据记录表。

表 8-4　实验数据记录表

实验次序	手动电位差计记录值						实验加热功率/W
	T_1/mV	T_2/mV	T_3/mV	T_4/mV	T_5/mV	T_6/mV	
1							
2							
3							
4							
5							
6							
7							
8							

【思考题】

（1）横管表面的热电偶为何沿长度和圆周均匀分布？

（2）如果室内空气不平静，会导致什么后果？

实验 5　气流横掠单管表面对流换热实验

对流是指流体各部分之间发生相对位移，冷热流体相互掺混所引起的热量传递方式。对流仅能发生在流体中，而且必然伴随着导热现象，工程上常遇到的不是单纯对流方式，而是流体流过另一物体表面时对流和导热联合起作用的热量传递过程。后者称为对流换热。就引起流动的原因而论，对流换热分为自然对流换热与强迫对流两大类。如果流体的流动是由于水泵、风机或其他压差作用所造成的，则称为强迫对流。

换热系数的大小与换热过程中的许多因素有关。它不仅取决于流体的物性以及换热表面的形状与布置，而且还与流速有密切的关系。研究对流换热的基本任务就在于用理论分析或实验方法具体给出各种场合下换热系数的计算关系式。

【实验目的】

（1）了解对流换热的实验研究方法。

（2）学习测量风速、温度及热量的基本技能。

（3）测定空气横掠单管表面的平均表面传热系数，并将实验数据整理成准则方程式。

【实验原理】

根据牛顿公式，壁面平均表面传热系数 h 可由式（8-15）计算：

$$h = \frac{\Phi}{A(t_w - t_f)} \tag{8-15}$$

式中　Φ——单位时间对流放热量，W；

　　　A——实验管有效传热面积，m^2；

　　　t_w——实验管壁面平均温度，℃；

　　　t_f——实验管前后流体平均温度，℃。

根据相似理论，流体受迫外掠物体的表面传热系数 h 与流速 w、物体几何尺寸及流体的物性等因素有关，可整理成下述准则方程式：

$$Nu = cRe^n Pr^m \tag{8-16}$$

由于本实验中，流体为空气，Pr = 常数，故式（8-16）可简化为：

$$Nu = cRe^n \tag{8-17}$$

式中　Nu——努塞尔数，$Nu = \dfrac{hd}{\lambda}$ ；

　　　Re——雷诺数，$Re = \dfrac{wd}{\nu}$ ；

　　　d——实验管外径，m；

　　　w——实验段来流速度，m/s；

　　　λ——流体导热系数，W/(m·℃)；

　　　ν——流体运动黏度，m^2/s。

其中，准则中的定性温度 $t = \dfrac{1}{2}(t_w + t_f)$ 。

本实验中的任务是测定 Nu 和 Re 准则中所包含的各量，如 t、w、d、ν、λ ，用式（8-15）求出 h 后再计算各准则，然后通过数据处理，求得 c 与 n 值，从而建立准则方程式（8-17）。

【实验装置】

本对流放热实验在风洞中进行。实验风洞主要由有机玻璃风洞本体构架、风机、实验管、电加热器及热工仪表（水银温度计、倾斜式微压计、毕托管、电位差计、电压表以及调压变压器）组成（见图8-11），实验台参数见表8-5。

实验风道全长分为进口段、实验段及测速段。风道断面为矩形，实验管横架在实验段。为使风道内气流速度分布均匀及减少空气入口阻力，风道进口采用双扭曲线的圆滑收缩喇叭口。实验段之前，一般还装有蜂窝形栅格以做整流之用。空气经实验段后进入测速段。为了在较低空气流量下仍能测准空气流速，减小断面风道，测速段前后接有缩放口。在实验段中装有实验管，铜管管壁嵌有 4 对镍铬-镍硅热电偶以测壁温，分度表见附录 3，管内装有电加热器作为热源。

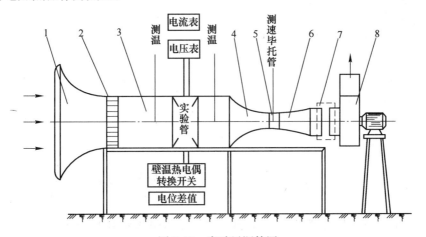

图 8-11 实验风洞简图

1—双扭曲线风口；2—蜂窝器；3—测试段；4—收缩段；5—测速段；
6—扩大段；7—橡皮管；8—风机

表 8-5 实验台相关参数

序 号	名 称	单 位	数 值
1	实验段风洞截面尺寸	mm²	320×70
2	测速段风洞截面尺寸	mm²	60×70
3	实验管外径	mm	35
4	实验管有效长度	mm	320
5	电加热器额定功率	W	300
6	实验管壁面黑度	—	0.6

【实验方法】

（1）先将毕托管与 U 形管压力计，热电偶与电位差计接好并校正零点。连接电加热器、电流表、电压表及调压变压器线路。经检查确认无误后，准备启动风机。

（2）在关闭风机出口挡板的条件下启动风机，然后根据实验要求开启风机出口挡板，调节风量。

（3）根据需要调节变压器，使其在某一定热负荷下（约 250W）工作，至壁温达到稳定（壁面热电势在 3min 以内保持读数不变，即可认为已达到稳定状态）后，开始记录热电偶电势、电流、电压、空气进出口温度以及 U 形管压力计读数。

（4）在测量风压时，若 U 形管压力计液柱上下摆动，说明风压不稳定，这时可取平均值。

（5）本实验在一定热负荷下通过调整风速来改变 Nu 数和 Re 数的数值。为此保持电流、电压为定值，依次调节风机出口挡板，在各个不同的开度下测得其动压头、空气进出口温度以及电流表、电压表、电位差计的读数。

（6）实验完毕后，先切断实验管加热电源，待实验管冷却后再停风机。

【实验注意事项】

（1）一定要先开风机，再开加热开关。

（2）调节风门出口开度的时候，一定要慢慢转动摇臂，并且时刻关注 U 形管压力计的读数，绝对不能超过其最大量程。

（3）实验测温采用热电偶，在计算温度的时候需要加室温补偿。

（4）调节完工况之后，一定要耐心等待至稳态再记录数据。

【实验数据处理】

按照实验要求，依次将实验数据记入表 8-6，并按如下数据处理方法将处理后的数据填入表 8-7。

（1）进出口空气温度 t_{f1} 和 t_{f2}。实验管进出口空气温度 t_{f1} 和 t_{f2} 的测量，分别采用玻璃管温度计在风洞入口和实验段出口处进行。

（2）流速 w 的测定。采用毕托管在测速段截面中心点进行测定。由于测速截面流速分布均匀，因此不必进行截面速度不均匀度的修正。

$$w' = \sqrt{2gxK/\rho_g} \tag{8-18}$$

由式（8-18）计算出的流速是测速段的流速 w'，而式（8-17）采用的流速是实验段来流速度 w。由连续性方程：$w'A' = wA$，可得实验段截面流速 w 为：

$$w = \frac{w'A'}{A} \tag{8-19}$$

式中　A'——测速段流道截面积，m^2；

　　　A——实验段流道截面积，m^2。

（3）壁面温度的测量。通过切换开关，依次在电位差计上读出壁面上 4 个热电偶的毫伏值，再在"常用热电值对照表"中查得所对应的温度后，求得 4 点的平均温度 t_w，即为壁面温度。换热系数 h 由式（8-15）计算。由于电加热器所产生的热量 Q，除以对流方式由管壁传给空气外，还有一部分热量由管壁辐射出去，因此对流放热量为：

$$\Phi_e = Q - \Phi_\varepsilon = V \cdot I - \Phi_\varepsilon \tag{8-20}$$

式中　Q——电加热量，$Q = V \cdot I$，W；

　　　V——电加热器两端电压，V；

　　　I——通过电加热器的电流，A（如为功率表直接读电功率）；

　　　Φ_ε——辐射散热量，W，用式（7-21）计算：

$$\Phi_\varepsilon = \varepsilon\sigma A\left[\left(\frac{t_w}{100}\right)^4 - \left(\frac{t_f}{100}\right)^4\right] \tag{8-21}$$

式中　ε——实验管表面黑度，见设备规范表；

　　　σ——黑体辐射系数，$\sigma = 5.67 W/(m^2 \cdot K^4)$；

　　　A——试管表面积，m^2；

　　　t_w——实验管壁面平均温度，K；

t_f——空气进出口平均温度，K。

（4）准则方程式的建立。至此，根据所求得的实验数据，即可求得 Re 数及相对的 Nu 数。对式（8-17）取对数可得：

$$\lg Nu = \lg c + n\lg Re \tag{8-22}$$

可见，将各点的 $\lg Nu$ 和 $\lg Re$ 值点在双对数坐标图上，可得一条直线。n 值可根据这条直线的斜率求得。根据直线上任一点的 $\lg Nu$ 和 $\lg Re$ 数值求得 c 值，即

$$C = \frac{Nu}{Re^n} \tag{8-23}$$

至此，准则方程式中各量均已知，因此准则方程式建立。也可以利用最小二乘法直接回归准则方程式。

表 8-6 原始实验数据记录表

实验次序	电流 I/A	电压 V/V	入口空气温度 t_{f1}/℃	出口空气温度 t_{f2}/℃	平均值 t_f/℃	U型管读数 x/m	倾角比值 K	实验管壁面温度 t_w								参考端温度 /℃	壁温平均值 /℃
								1		2		3		4			
								毫伏读数 /mV	温度 /℃	毫伏读数 /mV	温度 /℃	毫伏读数 /mV	温度 /℃	毫伏读数 /mV	温度 /℃		
1																	
2																	
3																	
4																	
5																	
6																	

表 8-7 实验数据整理表

实验次序	电加热功率 Q/W	空气平均温度 t_f/℃	壁面平均温度 t_w/℃	定性温度 t/℃	辐射热量 Φ_ε/W	对流热量 Φ_e/W	对流换热系数 h/W·$(m^2·℃)^{-1}$	U型管压差 D_p/Pa	测速段流速 w'/m·s^{-1}	实验段流速 w/m·s^{-1}	导热系数 λ/W·$(m·℃)^{-1}$	运动黏度 ν/$m^2·s^{-1}$	努塞尔数 Nu	雷诺数 Re
1														
2														
3														
4														
5														
6														

【思考题】

（1）分析讨论影响表面传热系数的因素。

（2）为什么要求在实验管壁面温度稳定时记录数据？

实验6 中温辐射时物体黑度的测试

热辐射是以电磁波的形式进行热能传递和交换的另一种最基本的传热方式。它与对流换热和导热有着明显的区别，是一种非接触式的传热方式。在研究辐射换热特性时，参与辐射的各种材料表面的发射率（黑度）、反射率、吸收率以及物体之间的辐射角系数都是十分重要的基础数据。由于这些热辐射的特性参数取决于材料的种类、性质、表面状况和表面温度以及辐射体系的几何参数和光学性质，因此除了少数极光滑、无污染的理想表面和理想辐射体系外，热辐射的主要特性参数需要由实验测定。同时，红外与遥感技术也是基于热辐射而发展起来的测试手段。用于非接触测温的辐射式高温计、红外测温仪和热像仪也是在热工实验中常用的基于热辐射原理的测温仪表。

【实验目的】

（1）加深对辐射换热过程的理解。

（2）用比较法定性测量中温辐射时物体黑度 ε。

【实验原理】

由 n 个物体组成的辐射换热系统中，利用净辐射法可以求物体 i 的纯换热量 $Q_{\text{net},i}$。

$$Q_{\text{net},i} = Q_{\text{abs},i} - Q_{\text{e},i} = \alpha_i \sum_{k=1}^{n} \int_{F_k} E_{\text{eff},k} \Psi_{(dk)_i} \mathrm{d}F_k - \varepsilon_i E_{\text{b}i} F_i \qquad (8\text{-}24)$$

式中 $Q_{\text{net},i}$ —— i 面的净辐射换热量，W；

　　$Q_{\text{abs},i}$ —— i 面从其他表面的吸热量，W；

　　$Q_{\text{e},i}$ —— i 面本身的辐射热量，W；

　　ε_i —— i 面的黑度；

　　$\Psi_{(dk)_i}$ —— k 面对 i 面的角系数；

　　$E_{\text{eff},k}$ —— k 面有效的辐射力，W/m^2；

　　$E_{\text{b}i}$ —— i 面的辐射力，W/m^2；

　　α_i —— i 面的吸收率；

　　F_i —— i 面的面积，m^2。

根据本实验的设备情况，可以认为：

（1）传导圆筒2为黑体。

（2）热源、传导圆筒和待测物体（受体）表面上的温度均匀如图8-12所示。

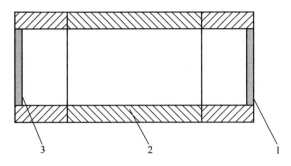

图 8-12　辐射换热简图

1—热源；2—传导圆筒；3—待测物体（受体）

因此，公式（8-24）可写成：

$$Q_{net,3} = \alpha_3 (E_{b1} F_1 \Psi_{1,3} + E_{b2} F_2 \Psi_{2,3} - \varepsilon_3 E_{b3} F_3)$$

因为 $F_1 = F_3$，$\alpha_3 = \varepsilon_3$，$\Psi_{3,2} = \Psi_{1,2}$，又根据角系数的互换性 $F_2 \Psi_{2,3} = F_3 \Psi_{3,2}$，则：

$$q_3 = \frac{Q_{net,3}}{F_3} = \alpha_3 (E_{b1} \Psi_{1,3} + E_{b2} \Psi_{1,2}) - \varepsilon_3 E_{b3} = \varepsilon_3 (E_{b1} \Psi_{1,3} + E_{b2} \Psi_{1,2} - E_{b3})$$

$$(8-25)$$

由于受体 3 与环境主要以自然对流方式换热，因此：

$$q_3 = a(t_3 - t_f) \tag{8-26}$$

式中　a——换热系数，$W/(m^2 \cdot ℃)$；

$\quad\quad t_3$——待测物体（受体）温度，$℃$；

$\quad\quad t_f$——环境温度，$℃$。

由式（8-25）、式（8-26）得：

$$\varepsilon_3 = \frac{a(t_3 - t_f)}{E_{b1} \Psi_{1,3} + E_{b2} \Psi_{1,2} - E_{b3}} \tag{8-27}$$

当热源 1 和传导圆筒 2 的表面温度一致时，$E_{b1} = E_{b2}$，并考虑到体系 1、2、3 为封闭系统，则：

$$\Psi_{1,3} + \Psi_{1,2} = 1$$

由此，式（8-27）可写成：

$$\varepsilon_3 = \frac{a(t_3 - t_f)}{E_{b1} - E_{b3}} = \frac{a(t_3 - t_f)}{\sigma(T_1^4 - T_3^4)} \tag{8-28}$$

式中，σ 称为斯蒂芬-玻耳兹曼常数，其值为 $5.7 \times 10^{-8} W/(m^2 \cdot K^4)$。

对不同待测物体（受体）a, b 的黑度 ε 为：

$$\varepsilon_a = \frac{a_a(T_{3a} - T_f)}{\sigma(T_{1a}^4 - T_{3a}^4)} \quad \varepsilon_b = \frac{a_b(T_{3b} - T_f)}{\sigma(T_{1b}^4 - T_{3b}^4)}$$

设 $a_a = a_b$，则：

$$\frac{\varepsilon_a}{\varepsilon_b} = \frac{T_{3a} - T_f}{T_{3b} - T_f} \cdot \frac{T_{1b}^4 - T_{3b}^4}{T_{1a}^4 - T_{3a}^4} \tag{8-29}$$

当 b 为黑体时，$\varepsilon_b \approx 1$，式（8-29）可写成：

$$\varepsilon_a = \frac{T_{3a} - T_f}{T_{3b} - T_f} \cdot \frac{T_{1b}^4 - T_{3b}^4}{T_{1a}^4 - T_{3a}^4} \tag{8-30}$$

【实验装置】

热源腔体具有一个测温电偶，传导圆筒腔体有两个热电偶，受体有一个热电偶，它们都可以通过数显仪表直接显示温度，实验装置简图如图 8-13 所示。

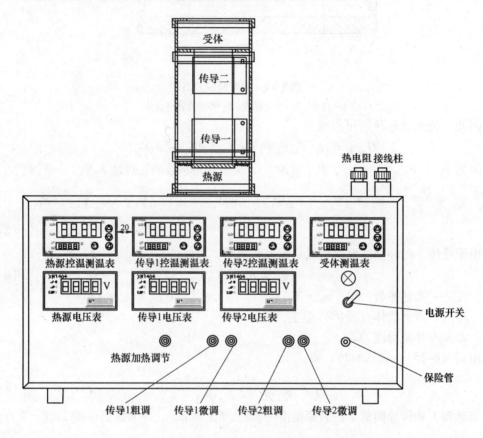

图 8-13   中温辐射时物体黑度测试实验装置

【实验方法】

本实验采用比较法定性地测定物体的黑度，具体方法是通过对热源温度进行设定，分别将"待测"（受体为待测物体，具有原来的表面状态）和"黑体"（受体仍为待测物体，但表面熏黑）两种状态的受体在恒温条件下，测出受到辐射后的温度，就可按公式计算出待测物体的黑度。

具体步骤如下：

（1）使热源腔体和受体腔体（使用具有原来表面状态的物体作为受体）靠紧传导圆筒。

（2）接通电源，对热源加热电压、导腔 1 加热电压、导腔 2 加热电压进行设定，待系统进入恒温后（各测温点基本接近，且在 5min 内各点温度波动小于 3℃），开始测试受体温度，记录一组数据（表 8-8）。此时，"待测"受体实验结束。

（3）取下受体，换上另外一种表面的"待测"受体，接好数据线。待系统进入恒温后，开始测试受体温度，记录数据（表 8-8）。

（4）调节微调的设定旋钮，在原有加热电压的基础上增加 5V，重复以上操作。

（5）实验结束后，经指导老师同意将调节设定旋钮调为 0，关闭电源。

表 8-8　实验数据

序　号	热源温度/℃	导腔温度 /℃		受体（紫铜光面）温度/℃	备　注
		1	2		
1	235	235	237	74	
2	233	233	230	76	
3	234	235	236	72	
平均值	234			74	
序　号	热源温度/℃	导腔温度/℃		受体（紫铜熏黑）/℃	室温为 25℃
		1	2		
1	238	240	241	109	
2	235	238	240	113	
3	235	237	241	108	
平均值	236			110	

【实验注意事项】

（1）热源及传导的温度不宜超过 95℃。

（2）热源温度的设定只能依次加大，绝对不能减小。

（3）一定不要忘记更换受体。

（4）更换受体时，连接数据线一定要小心，以免弄断数据线。

【实验数据处理】

根据公式（8-29），本实验所用的计算公式为：

$$\frac{\varepsilon_{受}}{\varepsilon_0} = \frac{\Delta T_{受}(T_{源}^4 - T_0^4)}{\Delta T_0(T_{源}'^4 - T_{受}^4)} \tag{8-31}$$

式中　ε_0——相对黑体的黑度，该值可假设为 1；

　　　$\varepsilon_{受}$——待测物体（受体）的黑度；

　　$\Delta T_{受}$——受体与环境的温差，K；

　　ΔT_0——黑体与环境的温差，K；

　　　$T_{源}$——受体为相对黑体时热源的绝对温度，K；

　　　$T_{源}'$——受体为被测物体时的热源绝对温度，K；

　　　T_0——相对黑体的绝对温度，K。

以实际应用举例有：

（1）实验数据。

将实验数据记录于表 8-9 中。

表8-9　实验数据记录表

序　号	热源温度/℃	导腔温度/℃		受体（紫铜光面）温度/℃	备　注
		1	2		
1					
2					
3					
平均值					
序　号	热源温度/℃	导腔温度/℃		受体（紫铜熏黑）温度/℃	室温为25℃
		1	2		
1					
2					
3					
平均值					

（2）实验结果。

由实验数据得：

$\Delta T_{受} = 74℃$ 　　　　　$T_0 = (110 + 273)\,K$

$\Delta T_0 = 110℃$ 　　　　　$T'_{源} = (234 + 273)\,K$

$T_{源} = (236 + 273)\,K$ 　　　$T_{受} = (74 + 273)\,K$

将以上数据代入公式（8-31）得：

$$\varepsilon_{受} = \varepsilon_0 \cdot \frac{74}{110} \cdot \frac{(236 + 273)^4 - (110 + 273)^4}{(234 + 273)^4 - (74 + 273)^4} = \varepsilon_0 \cdot 0.58$$

【思考题】

（1）测定物体的黑度有何实际意义，黑度大小与什么有关?

（2）试分析本仪器是否适用于测量黑度较小的试件?

实验7　铂丝表面黑度的测定

　　实际物体向外的辐射力和同温度下黑体的辐射力之比称为实际物体的黑度。黑度是表征物体辐射特性的一个重要参数。黑度取决于物体的性质、物体的温度、表面状态、射线波长和方向。黑度只与发射辐射的物体本身有关，而不涉及外界条件。不同种类物质的黑度各不相同，同一物体的黑度又随温度而变化。表面状况对黑度有很大影响，尤其是对于金属，粗糙表面和光滑表面，其黑度相差甚多，而对于大部分的非金属材料，他们的黑度值都很高，且与表面状况的关系不大。

【实验目的】

（1）掌握相关测量仪表的工作原理和使用方法。

（2）测量铂丝的表面黑度，巩固已学过的辐射换热理论知识。

【实验原理】

在热系统中，在真空腔内，腔内壁 2 面（凹物体）与 1 面（凸物体）组成两灰体的辐射换热系统如图 8-14 所示。1、2 面的表面绝对温度、黑度和面积分别为 T_1、T_2、ε_1、ε_2 和 A_1、A_2。表面 1、2 间的辐射换热量 Φ_{12} 为：

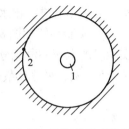

图 8-14 两灰体组成的封闭辐射换热系统

$$\Phi_{12} = \frac{A_1(E_{b1} - E_{b2})}{1/\varepsilon_1 + A_1/A_2(1/\varepsilon_2 - 1)} \qquad (8-32)$$

表面积 $A_2 \gg A_1$，即 $A_1/A_2 \to 0$，这样式（8-32）可简化为：

$$\Phi_{12} = \varepsilon_1 A_1 \sigma_0 (T_1^4 - T_2^4) \qquad (8-33)$$

式中，$\sigma_0 = 5.67 \times 10^{-8} \mathrm{W/(m^2 \cdot K^4)}$，根据式（8-33）可得

$$\varepsilon_1 = \frac{\Phi_{12}}{A_1 \sigma_0 (T_1^4 - T_2^4)} \qquad (8-34)$$

因此，只要测出 Φ_{12}，A_1，T_1，T_2，即可由式（8-34）求得物体 1 表面的黑度 ε_1。

（1）铂丝表面温度 t_1 的测定。在实验台中，铂丝本身既为发热元件，又是测量元件。测温采用电阻法，铂丝表面温度可通过式（8-35）求得。

$$t_1 = (R_t - R_0)/(R_0 a) \qquad (8-35)$$

式中 R_0，R_t——铂丝在 0℃和 t℃时的电阻，Ω，$R_0 = 0.28\Omega$；

a——铂丝的电阻温度系数，$a = 3.9 \times 10^{-3}$，$1/℃$。

（2）玻璃表面温度 t_2 的测定。由于 2 表面的热流密度小，而水与玻璃的换热系数又较大，冷却水温度变化不大，故可直接用出口水温代替平均温度。出口水温用玻璃温度计测量。

（3）辐射换热 Φ_{12} 的测量与计算。用测出的电压 V 及电流 I 值算出热量 Q，它是铂丝实验段的产热量，等于实验段与腔壁的辐射换热量 Φ_{12} 及实验段端部导线的导热损失。实验段外的铂丝部分，由于也产生热量，故可认为其表面温度与实验段相近，通过这部分的导热损失可忽略不计。导热损失主要是由测电压引线引起的。这部分热量损失主要和导热系数、表面黑度、平均温度、两端温差、表面积、长度及空腔环境有关。由于环境温度、导线温度和两端温差与实验段产热值 Q 及 $t_1 - t_2 = \Delta t$ 成比例。故辐射换热量 Φ_{12} 可写为：

$$\Phi_{12} = BQ \qquad (8-36)$$

式中，B 为系数，通过大量实验得：

$$B = \exp(0.00377 \Delta t - 4.074) \qquad (8-37)$$

式（8-37）适用范围为 $\Delta t = 100 \sim 500℃$，冷却水为室温。

【实验装置】

实验设备包括辐射实验台本体、直流稳压源、电位差计、直流电流表及水浴等。

（1）实验台本体构造如图 8-15 所示，铂丝封闭在真空玻璃腔内，真空腔内真空度达 0.067Pa（5×10^{-4}mmHg）。铂丝直径为 $d = 0.2$mm，实验段长 $L = 100$mm，故铂丝实验段表面积 $A_1 = 6.28 \times 10^{-5} \mathrm{m^2}$，与铂丝两端相连的是与玻璃具有同样膨胀系数的钨丝，钨丝与电源相连接。另外在铂丝实验段还引出两根导线测电压。腔外加一层玻璃套，套中通冷

却水，分别留有进、出水口。循环水温由水浴控制。

（2）实验系统如图8-16所示，本装置的电路系统功率大小由稳压电源控制，通过铂丝实验段的电压和电流分别由电位差计和电流表读出（本实验所用直流电位差计的倍率选在"×5"上，最终读数需要乘以5）。

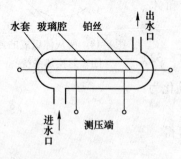

图 8-15   实验台本体构造示意图

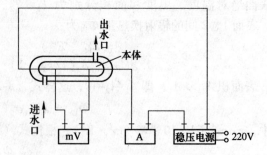

图 8-16   系统示意图

【实验方法】

（1）按图连接有关仪表：稳压源、电流表、电位差计等。
（2）按照每个仪表的操作规程进行调试。
（3）调节稳压源控制铂丝的电流I。
（4）待铂丝温度稳定（约5min），记录I、V及出水口温度（表8-10）。
（5）重复步骤（3）、（4），做另一温度下的铂丝黑度。
（6）实验结束，关闭稳压电源。

表 8-10   实验数据记录与整理表

实验次序	电流 I/A	电压 V/V	腔体温度 t_2/℃	试件功率 Q/W	试件电阻 R/Ω	试件温度 t/℃	修正系数 B	辐射换热量 Φ_{12}/W	试件黑度 ε
1	0.45								
2	0.50								
3	0.55								
4	0.60								
5	0.65								
6	0.70								
7	0.75								
8	0.80								

【实验注意事项】

（1）调节稳压电源控制铂丝电流时，旋转左侧细调旋钮。
（2）电流值以稳压电源调节后的电流表的读数为准。电流表读数对于实验结果非常重要，需要细读。

【实验数据处理】

（1）黑度可根据式（8-34）计算出，下面举例说明。

已知参数：$R_0 = 0.28\Omega$；$a = 3.9 \times 10^{-3}(1/℃)$；$\sigma_0 = 5.67 \times 10^{-8}W/(m^2 \cdot K^4)$；$A_1 = 6.28 \times 10^{-5}m^2$；$B = \exp(0.00377\Delta t - 4.074)$。

实验参数：$I = 0.7A$；$V = 0.2998V$；$t_2 = 13.9℃$。

计算

$$R_t = \frac{V}{I} = \frac{299.8}{700} = 0.4283\Omega$$

$$Q = I \cdot V = 0.7 \times 0.2998 = 0.20986W$$

$$t_1 = \frac{R_t - R_o}{R_0 \cdot a} = \frac{0.4283 - 0.28}{0.28 \times 3.9 \times 10^{-3}} = 135.8℃$$

$$T_1 = 135.8 + 273 = 408.8K$$

$$T_2 = 13.9 + 273 = 286.9K$$

$$B = \exp[0.0037(135.8 - 13.9) - 4.074] = 0.027$$

$$\Phi_{12} = Q \cdot B = 0.20986 \times 0.027 = 0.00567W$$

$$\varepsilon = \frac{\Phi_{12}}{\sigma_0(T_1^4 - T_2^4)A_1} = \frac{0.00567}{5.67 \times 10^{-8}(408.8^4 - 286.9^4) \times 6.28 \times 10^{-5}} = 0.075$$

（2）黑度随温度变化的关系式。在 $100 \sim 500℃$ 之间，铂丝的真实黑度与温度之间近似地有线性关系：

$$\varepsilon = a + bt$$

如用图表表示，可将 $\varepsilon = f(t)$ 的实验数据点到直角坐标纸上，连接成直线，如图7-17所示，求出 a 和 b 来，也可用最小二乘法计算 a 和 b。

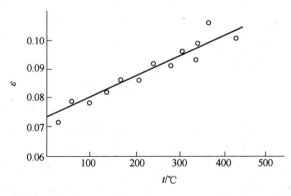

图8-17　铂丝表面黑度与温度的关系

【思考题】

（1）如腔内非真空能否准确测量铂丝黑度？

（2）为什么用非常细的铂丝做试件？

实验 8　热管换热器实验台

在现代工业中，广泛使用着各类换热器。了解换热器的换热特性对于许多热工过程具有决定性的意义。通常，对于各种复杂形状换热面的换热器，单靠计算无法获得关于换热特性的正确结论，而比较可靠的是进行实验测定。

关于换热器的实验可以是研究单个过程的单元实验，也可以对整个换热器或换热设备在各类热工水力工况下进行综合测定。由于受到场地、费用的限制，在实验室中往往无法对实际设备进行测试，而是通常采用与实际设备相类似的实验台进行测试。任何热过程的研究可以在按一定比例缩小的实验台上进行，而且还可以做成透明的，在冷态条件下对流体动力学特性进行观察和冷态测试，在热态条件下对换热器的各种换热特性进行测定。这些实验得到的结果，可以用来评价现有换热器的工作状况，也可以为设计新型换热器提供选择结构参数的依据。

【实验目的】

（1）了解热管换热器的工作原理。
（2）熟悉热管换热器实验台的使用方法。
（3）掌握热管换热器换热量 Q 和传热系数 k 的测试和计算方法。

【实验原理】

在换热器中，需要交换热量的冷热流体通常分别在固体壁面的两侧流动。热量从壁面一侧的流体通过壁面传到另一侧的流体的过程称为传热过程。传热过程中传递的热量正比于冷、热流体间的温差及传热面积，即

$$Q = kF\Delta T$$

式中　Q——冷热流体间单位时间交换的热量，W；

F——传热面积，m^2；

ΔT——冷热流体间的平均温差，℃；

k——换热器的传热系数，$W/(m^2 \cdot ℃)$。

【实验装置】

热管换热器实验台的结构如图 8-18 所示。实验台由整体轧制而成的翅片热管、热段风道、冷段风道、热端和冷端风机、电加热器、热电偶、热球风速仪等组成。

热段中的电加热器使空气加热，热风经冷段风道时通过翅片热管进行换热和传递，从而使冷段风道的空气温度升高。风道中有四对热电偶可以测量冷热段风道空气进、出口的温度。

实验台参数为：

（1）冷段圆形出口面积 $F_L = \pi 0.085^2/4 = 0.0057m^2$。

（2）热段圆形出口面积 $F_r = 0.057m^2$。

（3）冷段传热表面积 $f_L = 0.997m^2$。

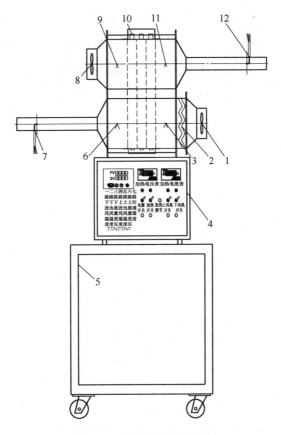

图 8-18　热管换热器实验台

1—加热段风机；2—加热器；3—加热段前测温点；4—配电箱；5—移动支架；
6—加热段后测温点；7—加热段毕托管测点；8—换热段风机；9—换热段前测温点；
10—热管；11—换热段后测温点；12—换热段毕托管测点

（4）热段传热表面积 $f_r = 0.997\text{m}^2$。

热段风道中的电加热器加热由风机吸入的空气，热空气经过热段风道时，通过翅片热管进行热量的传递，从而使冷段风道的空气温度升高。利用风道中的热电偶对冷、热段空气的进出口温度进行测量，并用热球风速仪测量冷、热段的出口空气流速。从而可以计算出换热器的换热量 Q 和传热系数 k。

【实验方法】

（1）接通电源，分别开启冷（上）、热（下）段的风机开关。

（2）用热球风速仪在冷、热段测量空气风速（为使测量工作在风道温度不超过 40℃的情况下进行，必须在电加热器开始工作后立即测量）。热球风速仪的使用方法请参阅附录 7。

（3）调节加热旋钮，设定待测工况，待工况稳定后（约 20min 后），查看巡检仪，逐点测量冷、热段空气进出口温度 t_{L1}，t_{L2}，t_{r1}，t_{r2}，各点温度应基本恒定。

（4）调节加热旋钮开关，重复上述步骤，测量其他工况下的冷、热段进、出口温度，并记入表 8-11。

（5）实验结束后，切断所有加热开关，先不关闭风机的开关，让其继续工作，以冷却风道，待热段空气入口温度降至25℃左右，再关闭风机的开关，切断电源。

表8-11   实验测得的原始数据记录表

工况	序号	风速/m·s⁻¹		冷、热段进出口温度/℃	备注
		冷段 $\overline{v_L}$	热段 $\overline{v_r}$	$T_1(t_{L2})$， $T_2(t_{L1})$， $T_3(t_{r1})$， $T_4(t_{r2})$	
1	1				
	2				
	3				
	平均值				
2	1				
	2				
	3				
	平均值				
3	1				
	2				
	3				
	平均值				
4	1				
	2				
	3				
	平均值				

【实验注意事项】

（1）调节完工况之后，一定要耐心等待，达到稳态后再记录数据。

（2）一定要等热段入口的空气温度降至25℃左右再关闭风机。

【实验数据处理】

热管换热器换热量、传热系数及热平衡误差的计算方法如下：

冷段换热量 $Q_L = 0.24(3600\,\overline{v_L} \cdot F_L \cdot \rho_L)(t_{L2} - t_{L1})$

热段换热量 $Q_r = 0.24(3600\,\overline{v_r} \cdot F_r \cdot \rho_r)(t_{r2} - t_{r1})$

热平衡误差 $\delta = (Q_r - Q_L)/Q_r$

传热系数 $k = Q_L/(f_L \cdot \Delta t)$

式中 $\overline{v_L}$，$\overline{v_r}$——冷、热段出口平均风速，m/s；

F_L，F_r——冷、热段出口截面积，m²；

t_{L1}，t_{L2}，t_{r1}，t_{r2}——冷、热段进出口风温，℃；

ρ_L，ρ_r——冷、热段出口空气密度，kg/m³；

f_L——冷段传热面积，m²；

$$\Delta t \text{——} \Delta t = \frac{t_{r1} + t_{L2}}{2} - \frac{t_{r2} + t_{L1}}{2} \text{,℃。}$$

将上面数据整理所求得的两种工况的实验结果填入表8-12，并进行比较分析。

表8-12　实验结果汇总表

工　况	冷段换热量 $Q_L/\text{kJ} \cdot \text{h}^{-1}$	热段换热量 $Q_r/\text{kJ} \cdot \text{h}^{-1}$	热平衡误差 $\delta/\%$	传热系数 k $/\text{kJ} \cdot (\text{m}^2 \cdot \text{h} \cdot \text{℃})^{-1}$
1				
2				
3				
4				

【思考题】

（1）试述热管的工作原理。

（2）根据实验测得的结果，谈谈提高本实验台传热系数的措施。

附　　录

附录1　铜-康铜热电偶分度表

温度/℃	0	1	2	3	4	5	6	7	8	9
	热电动势/mV									
0 +	0.000	0.039	0.078	0.117	0.156	0.195	0.234	0.273	0.312	0.351
10	0.391	0.430	0.470	0.510	0.549	0.589	0.629	0.669	0.709	0.749
20	0.789	0.830	0.870	0.911	0.951	0.992	1.032	1.073	1.114	1.155
30	1.196	1.237	1.279	1.320	1.361	1.403	1.444	1.486	1.528	1.569
40	1.611	1.653	1.695	1.738	1.780	1.822	1.865	1.907	1.950	1.992
50	2.035	2.078	2.121	2.164	2.207	2.250	2.294	2.337	2.380	2.424
60	2.467	2.511	2.555	2.599	2.643	2.687	2.731	2.775	2.819	2.864
70	2.908	2.953	2.997	3.042	3.087	3.131	3.176	3.221	3.266	3.312
80	3.357	3.402	3.447	3.493	3.538	3.584	3.630	3.676	3.721	3.767
90	3.813	3.859	3.906	3.952	3.998	4.044	4.091	4.137	4.184	4.231
100	4.277	4.324	4.371	4.418	4.465	4.512	4.559	4.607	4.654	4.701
110	4.749	4.796	4.844	4.891	4.939	4.987	5.035	5.083	5.131	5.179
120	5.227	5.275	5.324	5.372	5.420	5.469	5.517	5.566	5.615	5.663
130	5.712	5.761	5.810	5.859	5.908	5.957	6.007	6.056	6.105	6.155
140	6.204	6.254	6.303	6.353	6.403	6.452	6.502	6.552	6.602	6.652
150	6.702	6.753	6.803	6.853	6.903	6.954	7.004	7.055	7.106	7.150
160	7.207	7.258	7.309	7.360	7.411	7.462	7.513	7.564	7.615	7.660
170	7.718	7.769	7.821	7.872	7.924	7.975	8.027	8.079	8.131	8.183
180	8.235	8.287	8.339	8.391	8.443	8.495	8.548	8.600	8.652	8.705
190	8.757	8.810	8.863	8.915	8.968	9.021	9.074	9.127	9.180	9.233
200	9.286	9.339	9.392	9.446	9.499	9.553	9.606	9.659	9.713	9.767
210	9.820	9.874	9.928	9.982	10.036	10.090	10.144	10.198	10.252	10.306
220	10.360	10.414	10.469	10.523	10.578	10.632	10.687	10.741	10.796	10.851
230	10.905	10.960	11.015	11.070	11.128	11.180	11.235	11.290	11.345	11.401
240	11.450	11.511	11.566	11.622	11.677	11.733	11.788	11.844	11.900	11.956

附录2　镍铬-考铜热电偶分度表

工作端温度/℃	0	1	2	3	4	5	6	7	8	9
	热电动势/mV									
-50	-3.11									
-40	-2.50	-2.56	-2.62	-2.68	-2.74	-2.81	-2.87	-2.93	-2.99	-3.05
-30	-1.89	-1.95	-2.01	-2.07	-2.13	-2.20	-2.26	-2.32	-2.38	-2.44
-20	-1.27	-1.33	-1.30	-1.46	-1.52	-1.58	-1.61	-1.70	-1.77	-1.83
-10	-0.64	-0.70	-0.77	-0.83	-0.89	-0.96	-1.02	-1.08	-1.14	-1.21
-0	-0.00	-0.06	-0.13	-0.19	-0.26	-0.32	-0.38	-0.15	-0.51	-0.58

续附录 2

工作温度/℃	0	1	2	3	4	5	6	7	8	9
	热电动势/mV									
+0	0.00	0.07	0.13	0.20	0.26	0.33	0.39	0.46	0.52	0.59
10	0.65	0.72	0.78	0.85	0.91	0.98	1.05	1.11	1.18	1.24
20	1.31	1.38	1.44	1.51	1.57	1.64	1.70	1.77	1.84	1.91
30	1.98	2.05	2.12	2.18	2.25	2.32	2.38	2.45	2.52	2.59
40	2.66	2.73	2.80	2.87	2.94	3.00	3.07	3.14	3.21	3.28
50	3.35	3.42	3.49	3.56	3.63	3.70	3.77	3.84	3.91	3.98
60	4.05	4.12	4.19	4.26	4.33	4.41	4.48	4.56	4.02	4.09
70	4.76	4.83	4.90	4.98	5.05	5.12	5.20	5.27	5.34	5.41
80	5.48	5.56	5.63	5.70	5.78	5.85	5.92	5.99	6.07	6.14
90	6.21	6.29	6.36	6.43	6.51	6.58	6.65	6.73	6.80	6.87
100	6.95	7.03	7.10	7.17	7.25	7.32	7.40	7.47	7.54	7.62
110	7.69	7.77	7.84	7.91	7.99	8.06	8.13	8.21	8.28	8.35
120	8.43	8.50	8.53	8.65	8.73	8.80	8.88	8.95	9.03	9.10
130	9.18	9.25	9.33	9.40	9.48	9.55	9.63	9.70	9.78	9.85
140	9.93	10.00	10.08	10.16	10.23	10.31	10.38	10.46	10.54	10.61
150	10.68	10.77	10.85	10.92	11.00	11.08	11.15	11.23	11.31	11.38
160	11.46	11.54	11.62	11.69	11.77	11.85	11.93	12.00	12.08	12.16
170	12.24	12.32	12.40	12.48	12.55	12.63	12.71	12.79	12.87	12.95
180	13.03	13.11	13.19	13.27	13.36	13.44	13.52	13.60	13.68	13.76
190	13.84	13.92	14.00	14.08	14.16	14.25	14.34	14.42	14.50	14.58
200	14.66	14.74	14.82	14.90	14.98	15.06	15.14	15.22	15.30	15.38
210	15.48	15.56	15.64	15.72	15.80	15.89	15.97	16.05	16.13	16.21
220	16.30	16.38	16.46	16.54	16.62	16.71	16.79	16.86	16.95	17.03
230	17.12	17.20	17.28	17.37	17.45	17.53	17.62	17.70	17.78	17.87
240	17.95	18.03	18.11	18.19	18.28	18.36	18.44	18.52	18.60	18.68
250	18.76	18.84	18.92	19.01	19.09	19.17	19.26	19.34	19.42	19.51
260	19.59	19.67	19.75	19.84	19.92	20.00	20.09	20.17	20.25	20.34
270	20.42	20.50	20.58	20.66	20.74	20.83	20.91	20.99	21.07	21.15
280	21.24	21.32	21.40	21.49	21.57	21.65	21.73	21.82	21.90	21.98
290	22.07	22.15	22.23	22.32	22.40	22.48	22.57	22.65	22.73	22.81

注：分度号为 EA-2。

附录3　镍铬-镍硅热电偶分度表

温度/℃	0	1	2	3	4	5	6	7	8	9
	热电动势/mV									
0	0.000	0.039	0.079	0.119	0.158	0.198	0.238	0.277	0.317	0.357
10	0.397	0.437	0.477	0.517	0.557	0.597	0.637	0.677	0.718	0.758
20	0.798	0.838	0.879	0.919	0.960	1.000	1.041	0.081	1.122	1.162
30	1.203	1.244	1.285	1.325	1.366	1.407	1.448	1.489	1.529	1.570
40	1.611	1.652	1.693	1.734	1.776	1.817	1.858	1.899	1.949	1.981

温度/℃	0	1	2	3	4	5	6	7	8	9
	热电动势/mV									
50	2.022	2.064	2.105	2.146	2.188	2.229	2.270	2.312	2.353	2.394
60	2.436	2.477	2.519	2.560	2.601	2.643	2.684	2.726	2.767	2.809
70	2.850	2.892	2.933	2.975	3.016	3.058	3.100	3.141	3.183	3.224
80	2.266	3.307	3.349	3.390	3.432	3.473	3.515	3.556	3.598	3.639
90	3.681	3.722	3.764	3.805	3.847	3.888	3.930	3.971	4.012	4.054
100	4.095	4.137	4.178	4.219	4.261	4.302	4.343	4.384	4.426	4.467
110	4.508	4.549	4.590	4.632	4.673	4.714	4.755	4.796	4.837	4.878
120	4.919	4.960	5.001	5.042	5.083	5.124	5.164	5.205	5.246	5.287
130	5.327	5.368	5.409	5.450	5.490	5.531	5.571	5.612	6.652	5.693
140	5.733	5.774	5.814	5.855	5.895	5.936	5.976	6.016	6.057	6.097
150	6.137	6.177	6.218	6.258	6.298	6.338	6.378	3.419	6.459	6.499
160	6.539	6.579	6.619	6.659	6.699	6.739	6.779	6.819	6.859	6.899
170	6.939	6.979	7.019	7.059	7.099	7.139	7.179	7.219	7.259	7.299
180	7.338	7.378	7.418	7.458	7.498	7.538	7.578	7.618	7.658	7.697
190	7.737	7.777	7.817	7.857	7.879	7.937	7.977	8.017	8.057	8.097
200	8.137	8.177	8.216	8.256	8.296	8.336	8.376	8.416	8.456	8.497
210	8.537	8.577	8.617	8.657	8.697	8.737	8.777	8.817	8.857	8.898
220	8.938	8.978	9.018	9.058	9.099	9.139	9.179	9.220	9.260	9.300
230	9.341	9.381	9.421	9.462	9.502	9.543	9.583	9.624	9.664	9.705
240	9.745	9.786	9.826	9.867	9.907	9.948	9.989	10.03	10.07	10.111
250	10.151	10.19	10.23	10.27	10.33	10.36	10.40	10.44	10.48	10.52

注：分度号为K。

附录4　R12制冷剂饱和状态热力性质表

温度t/℃	绝对压力 p/MPa	比容(液体) v/dm·kg^{-1}	比容(蒸气) v/m·kg^{-1}	焓(液体) h/kJ·kg^{-1}	焓(蒸气) h/kJ·kg^{-1}	汽化热 r /kJ·kg^{-1}	熵(液体)S /kJ·(kg·K)$^{-1}$	熵(蒸气)S /kJ·(kg·K)$^{-1}$
-35	0.0807	0.6656	0.1954	168.37	335.85	167.48	0.8768	1.5800
-30	0.1004	0.6720	0.1594	172.81	338.15	165.34	0.8952	1.5751
-25	0.1237	0.6786	0.1312	177.28	340.42	163.14	0.9133	1.5707
-20	0.1509	0.6855	0.1089	181.76	342.68	160.92	0.9311	1.5667
-15	0.1826	0.6926	0.0910	186.28	344.92	158.64	0.9487	1.5632
-10	0.2191	0.7001	0.0766	190.82	347.14	156.32	0.9660	1.5600
-5	0.2610	0.7078	0.0650	195.39	349.43	153.93	0.9831	1.5571
0	0.3086	0.7159	0.0554	200.00	351.48	151.48	1.0000	1.5545
10	0.4233	0.7333	0.0409	209.32	355.69	146.37	1.0332	1.5501
20	0.5673	0.7525	0.0308	218.82	359.73	140.91	1.0658	1.5465
30	0.7449	0.7739	0.0235	228.54	363.57	135.03	1.0980	1.5433
40	0.9607	0.7980	0.0182	238.54	367.15	128.61	1.1298	1.5405
50	1.2193	0.8257	0.0142	248.88	370.40	121.52	1.1617	1.5377

附录5　水柱-汞柱换算表

(mm)

水柱	汞柱	水柱	汞柱	水柱	汞柱	水柱	汞柱
1	0.07	10	0.74	19	1.40	28	2.06
2	0.15	11	0.81	20	1.47	29	2.14
3	0.22	12	0.88	21	1.55	30	2.21
4	0.29	13	0.96	22	1.62	31	2.28
5	0.37	14	1.03	23	1.69	32	2.36
6	0.44	15	1.11	24	1.77	33	2.43
7	0.52	16	1.18	25	1.84	34	2.50
8	0.59	17	1.25	26	1.92	35	2.58
9	0.66	18	1.32	27	1.99	36	2.66

注：760mmHg = 101325Pa。

附录6　饱和水蒸气压力表

压力/MPa	温度/℃	压力/MPa	温度/℃	压力/MPa	温度/℃	压力/MPa	温度/℃
0.0010	6.9491	0.022	62.1422	0.15	111.378	0.45	147.933
0.0015	12.9751	0.023	63.1237	0.16	113.326	0.46	148.751
0.0020	17.5403	0.024	64.0596	0.17	115.178	0.47	149.550
0.0025	21.2012	0.025	64.9726	0.18	116.941	0.48	150.336
0.0030	24.1142	0.026	65.8628	0.19	118.625	0.49	151.108
0.0035	26.6707	0.027	66.7074	0.20	120.240	0.50	151.867
0.0040	28.9533	0.028	67.5291	0.21	121.789	0.52	153.350
0.0045	31.0533	0.029	68.3280	0.22	123.281	0.54	154.788
0.0050	32.8793	0.030	69.1041	0.23	124.717	0.56	156.185
0.0055	34.6141	0.032	70.6106	0.24	126.103	0.58	157.543
0.0060	36.1663	0.034	72.0144	0.25	127.444	0.60	158.863
0.0065	37.6271	0.036	73.3611	0.26	128.740	0.62	160.148
0.0070	38.9967	0.038	74.6508	0.27	129.998	0.64	161.402
0.0075	40.2749	0.040	75.8720	0.28	131.218	0.66	162.625
0.0080	41.5075	0.045	78.7366	0.29	132.403	0.68	163.817
0.0085	42.6488	0.050	81.3388	0.30	133.556	0.70	164.983
0.0090	43.7901	0.55	83.7355	0.31	134.677	0.72	166.123
0.0095	44.8173	0.060	85.9496	0.32	135.770	0.74	167.237
0.010	45.7988	0.065	88.0154	0.33	136.836	0.76	168.328
0.011	47.6934	0.070	89.9556	0.34	137.876	0.78	169.397
0.012	49.4281	0.075	91.7816	0.35	138.891	0.80	170.444
0.013	51.0488	0.080	93.5107	0.36	139.885	0.82	171.471
0.014	52.5553	0.085	95.1485	0.37	140.855	0.84	172.477
0.015	53.9705	0.090	96.7121	0.38	141.803	0.86	173.466
0.016	55.3401	0.095	98.2014	0.39	142.732	0.88	174.436
0.017	56.5955	0.10	99.634	0.40	143.642	0.90	175.389
0.018	57.8053	0.11	102.316	0.41	144.535	0.92	176.325
0.019	58.9694	0.12	104.810	0.42	146.269	0.94	177.245
0.020	60.0650	0.13	107.138	0.43	147.112	0.96	178.150
0.021	61.1378	0.14	109.318	0.44	147.933	0.98	179.040

附录7　热球风速仪原理及使用方法

【用途】

热球式电风速计用在采暖、通风、空气调节、气象、农业、冷藏、干燥、劳动卫生调查等各方面。需要测定室内外或模型的气流速度时都可使用，是一种测量低风速度的基本仪器。

【结构原理】

本仪器由热球式测头和测量仪表两部分组成。测杆的头部有一直径约 0.8mm 的玻璃球。球绕有加热玻璃球用的镍铬丝线圈和两个串联的热电偶。热电偶的冷端连接在磷铜质支柱上，直接暴露在气流中，当一定大小的电流通过加热线圈后，玻璃球的温度升高，升高的程度和气流的速度有关，流速小时升高的程度大，反之升高的程度小。升高程度的大小通过热电偶产生热电势在电表上指示出来。因此在校正后，即可用电表读数表示气流的速度。

【技术性能】

(1) 测量风速范围：0.05~30m/s。

(2) 测量误差：仪器在正常使用条件下，温度在 -10~+40℃，湿度不大于85%，大气压强在 97.3~104.0kPa (730~780mmHg) 范围内仪器的基本测量误差如下：

1) 仪器的最小检测量为 0.05m/s；

2) 其测量误差优于 ±5% 满量程。

(3) 附加误差：

1) 当电源电压由额定值降到额定值的90%时，其测量误差不大于 ±3%；

2) 测头方向偏差在 ±15° 时，其指示误差不大于 ±5%。

(4) 测头的反应时间为 1~3s。

【使用方法】

(1) 使用前观察电表的指针是否指于零点，如有偏移可轻轻调整电表上的机械调零螺丝，使指针回到零点。

(2) "校正开关"置于"断"的位置，"电源选择"置于所选用电源处。如用外接电源，"电源选择"开关拨至"外接"位置，将两组直流电源 (1组1.5V，1组4.5V) 分别接在"外接电源"接线柱上，极性勿接错。如用仪器内部电源，"电源选择"开关拨至"通"的位置。将四节一号电池按正确位置装在仪器底部电池盒内，极性勿接错。

(3) 将测杆插在插座上，测杆垂直向上放置，螺塞压紧，使探头密闭。"校正开关"置于"满度"的位置，慢慢调整"满度粗调"和"满度细调"两个旋钮，使电表指在刻满度的位置。

(4) "校正开关"置于"低速"位置，慢慢调整"零位粗调"和"零位细调"两个旋钮，使电表指在零点的位置。

（5）经以上步骤后，轻轻拉动螺塞，使测杆探头露出（长短可根据需要选择）即可进行 0.05～5m/s 风速的测定，测量时探头上的红点面对风向，读出风速的大小。

（6）如果要测量 5～30m/s 的风速，在完成以上（3）、（4）步骤后只要将"校正开关"置于"高速"位置，不需要再进行任何调整，即可对风速进行测定，测量时探头上的红点面对风向，读出风速的大小。

（7）如果用干电池供电，在测量若干分钟后（一般 10min）必须重复以上（3）、（4）步骤一次，以保证测量的准确性。

（8）测量完毕后，"校正开关"置于"断"的位置。

【使用注意事项】

（1）在风速测定中，无论测杆如何放置（垂直向上，倒置或水平位置）探头上的红点一边必须面对风向，在进行"满度"、"零位"调整时（使用方法中第（3）、（4）步骤）测杆必须垂直向上放置。

（2）仪器内装有四节电池，分成两组，一组是三节串联的，一组是单节的，在调整"满度调节"旋钮时如果电表不能达到满刻度，说明单节电池已枯竭。在调整"零位调节"旋钮时，如果表针不能回到零点，说明三节电池已枯竭，应予以更换。更换时将仪器底部的小门打开，按正确方向装上电池。

（3）仪器在使用过程中，如被测风速比较稳定而表针突然变化较大或测量误差过大，应用万用表 $\Omega \times 10K$ 挡测量一下探头敏感元件。

（4）测杆引线不能随意加长或缩短，如果导线有变动，仪器须重新校对后方可使用，否则会加大测量误差。

（5）仪器内可调电位器不得轻易调整，动后要重新校对。

（6）在使用 BJ57 - QDF - 3 型热球式电风速计时，在测量 10m/s 以上风速时，切记在调完满度后，在"低速"挡进行调零，然后把"校正开关"拨至"高速"挡即可进行高速测量，而不需要在"高速"挡进行任何调整。

（7）如果敏感部件——热球上有粉尘，可将探头在无水乙醇中轻轻摆动去掉粉尘，切不可用毛刷清洗。以免损坏热球及使热球位置改变，影响测量准确性。

附录 8　UJ36 型电位差计使用方法

UJ36 型电位差计由步进读数盘以及晶体管放大检流计、电键开关、标准电池等组成。工作回路电流分别为：×1 时，5mA；×0.2 时，1mA。步进读数盘由 11 只 2Ω 电阻组成，滑线盘电阻为 2.2Ω。

【技术性能】

（1）电位差计能在 5～45℃ 环境温度范围内，相对湿度低于 80% 的条件下正常工作。

（2）当环境温度在 28℃ 时允许误差为：

$$|\Delta| \leq 0.1\% u_x + \Delta u$$

其中，u_x 为测量盘示值；Δu 为最小分度值。

（3）电位差计基本技术参数见下表：

倍率	测量范围/mV	最小分度值/μV	工作电流/mA	允许误差/V
×1	0～120	50	5	$\vert\Delta\vert\leqslant(0.1\%u_x+50\times10^{-6})$
×0.2	0～24	10	1	$\vert\Delta\vert\leqslant(0.1\%u_x+10\times10^{-6})$

（4）仪器的工作电源为 1.5V，1 号干电池 4 节并联，检流计放大器工作电源为 9V 干电池 2 节并联。

【使用说明】

（1）将被测电压或电动势接在"未知"接线柱上，注意"＋"、"－"极。

（2）将倍率开关旋向所需要的位置上，同时也接通了电位差计工作电源和检流计放大器电源，3min 后调节检流计指零。

（3）将扳键开关 K 扳向"标准"，调节多圈变阻器 R_p，使检流计指零，这时工作电流达到了规定值。

（4）将扳键开关扳向"未知"，调节步进读数盘和滑线读数盘使检流计再次指零，此时未知电压或电动势按下式计算：

$$u_x =（步进盘读数＋滑线盘读数）×倍率$$

（5）在连续测量时，要求经常校对电位差计工作电流，防止工作电流变化。

（6）倍率开关旋向"G_1"或"$G_{0.2}$"时电位差计分别处于 ×1 或 ×0.2 位置，检流计被短路，在未知端可输出标准直流电动势。

【注意事项】

（1）测量完毕，倍率开关应旋到"断"位置，扳键开关应放在中间，以免不必要的电池能量消耗。

（2）如发现调节 R_p 不能使检流计指零时，应更换 1.5V 干电池，若晶体管放大检流计灵敏度低则更换 9V 干电池。

（3）电位差计应在环境温度为 5～45℃，相对湿度低于 80% 的条件下使用和保管。

参 考 文 献

[1] 刘向军. 工程流体力学 [M]. 2 版. 北京：中国电力出版社，2013.

[2] 沈维道，童钧耕. 工程热力学 [M]. 4 版. 北京：高等教育出版社，2007.

[3] 邢桂菊，黄素逸. 热工实验原理和技术 [M]. 北京：冶金工业出版社，2007.

[4] 黄敏超，胡小平. 热工实验教程 [M]. 长沙：国防科技大学出版社，2009.

[5] 施明恒. 热工实验的原理和技术 [M]. 南京：东南大学出版社，1992.

[6] 杨世铭，陶文铨. 传热学 [M]. 4 版. 北京：高等教育出版社，2006.

[7] 张学学. 热工基础 [M]. 2 版. 北京：高等教育出版社，2006.

[8] 刘玉长. 自动检测和过程控制 [M]. 4 版. 北京：冶金工业出版社，2010.

[9] 涂颉. 热工实验基础 [M]. 北京：高等教育出版社，1986.

[10] 杨俊杰. 相似理论与结构模型试验 [M]. 武汉：武汉理工大学出版社，2005.

[11] 李之光. 相似与模化：理论及应用 [M]. 北京：国防工业出版社，1982.

[12] 吴石林，张玘. 误差分析与数据处理 [M]. 北京：清华大学出版社，2010.

冶金工业出版社部分图书推荐

书　　名	作　者	定价（元）
传热学（第2版）（高等教材）	周筑清	29.50
燃烧基础	［英］A.G 盖顿	34.00
燃料及燃烧（第2版）（高等教材）	韩昭沧	22.00
工程流体力学（第4版）（高等教材）	谢振华	36.00
带钢连续热处理炉内热过程数学模型及过程优化	温治	50.00
热能与动力工程基础（高等教材）	王承阳	29.00
热能转换与利用（第2版）	汤学忠	32.00
能源与环境（高等教材）	冯俊小	35.00
现行冶金行业节能标准汇编	冶金工业信息标准研究院	96.00
供热工程（高等教材）	贺连娟	39.00
冶金工业自动化仪表与控制装置安装通用图册	中国冶金建设协会	350.00
流体力学及输配管网（高等教材）	马庆元	49.00
流体力学（高等教材）	李福宝	27.00
燃料与爆炸学	张英华	30.00
蓄热式高温空气燃烧技术	罗国民	35.00
赛隆的热力学可控合成与应用实践	彭犇	25.00
冶金与材料力学（高等教材）	李钒	65.00
热工测量仪表（第2版）（高等教材）	张华	46.00
链算机-回转窑-环冷机系统质量、热量、㶲平衡	冯俊小	32.00
热工实验原理和技术（高等教材）	邢桂菊	25.00
热工仪表及其维护（第2版）	张惠荣	32.00
供热工程实用仿真案例详解	彭力	16.00
炼焦热工管理	刘武镛	52.00